"十四五"职业教育国家规划教材

"十三五"职业教育国家规划教材

维修电工

（初级）

主　编　戴建法
副主编　高康欣　潘宝富
参　编　周冬微　夏　静　应景荣

机械工业出版社

本书为“十三五”职业教育国家规划教材，是浙江省中职选择性新课改成果教材，依据教育部2014年颁布的《中等职业学校电气运行与控制专业教学标准》，并参照温州市初级维修电工考核大纲编写而成。

本书以项目引领、任务驱动模式编写，分维修电工基本操作、常用电工电子仪器仪表的使用、常用低压电器元件及三相异步电动机的识别与检测、电力拖动控制电路的安装与调试、常用电子元器件的识别与检测、电子电路的安装与调试6个项目。每个项目以“项目目标”明确学习目标，以“项目小结”梳理学习要点。每个项目又细化为若干任务，每个任务按“任务描述-任务准备-任务实施-任务评价-课后作业”的结构编写，充分体现“做中学，学中做”的教学思想。本书以职业能力为本位，重视操作技能的培养，是集理论与实践为一体的职业技能实训教材。

本书可作为中职学校、技师学校电气技术应用、电气自动化技术、机电技术应用等相关专业的教材，也可作为维修电工等的岗位培训教材及自学参考用书。

为方便教学，本书配套有电子教案、多媒体课件等教学资源。凡选用本书作为教材的教师，可来电（010-88379195）索取或登录 www.cmpedu.com 网站注册，并免费下载。

图书在版编目（CIP）数据

维修电工：初级/戴建法主编. —北京：机械工业出版社，2019.4（2025.9重印）

“十三五”职业教育国家规划教材

ISBN 978-7-111-62331-1

Ⅰ.①维… Ⅱ.①戴… Ⅲ.①电工-维修-中等专业学校-教材 Ⅳ.①TM07

中国版本图书馆CIP数据核字（2019）第054477号

机械工业出版社（北京市百万庄大街22号 邮政编码100037）

策划编辑：赵红梅 责任编辑：赵红梅 苑文环

责任校对：梁 静 封面设计：马精明

责任印制：单爱军

保定市中画美凯印刷有限公司印刷

2025年9月第1版第13次印刷

184mm×260mm · 11.5印张 · 284千字

标准书号：ISBN 978-7-111-62331-1

定价：39.80元

关于“十四五”职业教育
国家规划教材的出版说明

为贯彻落实《中共中央关于认真学习宣传贯彻党的二十大精神的决定》《习近平新时代中国特色社会主义思想进课程教材指南》《职业院校教材管理办法》等文件精神，机械工业出版社与教材编写团队一道，认真执行思政内容进教材、进课堂、进头脑要求，尊重教育规律，遵循学科特点，对教材内容进行了更新，着力落实以下要求：

1. 提升教材铸魂育人功能，培育、践行社会主义核心价值观，教育引导学生树立共产主义远大理想和中国特色社会主义共同理想，坚定“四个自信”，厚植爱国主义情怀，把爱国情、强国志、报国行自觉融入建设社会主义现代化强国、实现中华民族伟大复兴的奋斗之中。同时，弘扬中华优秀传统文化，深入开展宪法法治教育。

2. 注重科学思维方法训练和科学伦理教育，培养学生探索未知、追求真理、勇攀科学高峰的责任感和使命感；强化学生工程伦理教育，培养学生精益求精的大国工匠精神，激发学生科技报国的家国情怀和使命担当。加快构建中国特色哲学社会科学学科体系、学术体系、话语体系。帮助学生了解相关专业和行业领域的国家战略、法律法规和相关政策，引导学生深入社会实践、关注现实问题，培育学生经世济民、诚信服务、德法兼修的职业素养。

3. 教育引导学生深刻理解并自觉实践各行业的职业精神、职业规范，增强职业责任感，培养遵纪守法、爱岗敬业、无私奉献、诚实守信、公道办事、开拓创新的职业品格和行为习惯。

在此基础上，及时更新教材知识内容，体现产业发展的新技术、新工艺、新规范、新标准。加强教材数字化建设，丰富配套资源，形成可听、可视、可练、可互动的融媒体教材。

教材建设需要各方的共同努力，也欢迎相关教材使用院校的师生及时反馈意见和建议，我们将认真组织力量进行研究，在后续重印及再版时吸纳改进，不断推动高质量教材出版。

机械工业出版社

前言

本书是为“十三五”职业教育国家规划教材，是浙江省中职选择性新课改成果教材，通过书中6个项目的学习，学生能够了解电工操作安全知识，认识并学会使用常用工具、电工电子仪器仪表，熟悉常用低压电器元件和电子元器件的识别与检测方法，掌握电力拖动控制电路、电子电路的安装与调试方法等核心技能，培养职业意识和职业道德，提高综合素质与职业能力。

本书在编写时，力求体现以下特点：

1. 项目任务式编排。本书以“项目”为主线，将项目分解成若干任务，每个任务通过任务描述、任务准备、任务实施、任务评价等教学环节展开，有助于“做、学、教、评”一体化教学方式的实施。书中穿插了较多图片，图文并茂，内容形式多样化，有利于学生“学中做，做中学”。

2. 实践性、针对性强。突出能力本位，注重工艺要求，主要培养学生动手能力和安全规范意识。

3. 体现立德树人。增加“课堂拓展”栏目，融入思政元素，拓宽学生知识视野。

4. 配套资源丰富。增加多个微课视频和操作视频二维码，同时配套电子教案、多媒体课件等资源。

本书参考总学时为78学时，各部分内容学时分配建议如下：

项　　目	学时	项　　目	学时
项目1　维修电工基本操作	4	项目4　电力拖动控制电路的安装与调试	26
项目2　常用电工电子仪器仪表的使用	6	项目5　常用电子元器件的识别与检测	14
项目3　常用低压电器元件及三相异步电动机的识别与检测	10	项目6　电子电路的安装与调试	18

本书由戴建法担任主编，高康欣、潘宝富担任副主编，周冬微、夏静、应景荣参与编写。其中，戴建法编写了项目1和项目5；周冬微编写了项目2；应景荣和夏静编写了项目3；潘宝富和戴建法编写了项目4；高康欣编写了项目6。全书由戴建法统稿。

在本书编写过程中，浙江省宁波市余姚职教中心特级老师陈雅萍对书稿提出了宝贵的意见，浙江广播电视大学永嘉学院给予了大力支持，使编写工作得以顺利完成，在此一并表示感谢。

由于编者水平有限，书中不妥之处在所难免，恳请读者提出宝贵意见，以便进一步改正与完善。

编　者

目录

项目1

维修电工基本操作

项目目标

1）通过学习实践，初步学会用电安全及防护急救的措施。

2）了解常用电工工具及其使用方法，为电子装配打下良好基础。

项目描述

用电安全是电工操作工作的前提，也是从事电子装配操作的必修课。电工操作通常需要一些常用工具，了解并学会使用这些工具，就能提高工作效率和产品质量。本项目主要介绍用电安全、防护急救、常用电工工具及其使用方法。

任务1　用电安全及防护急救

在日常用电及操作电器时，人体触电的情况时有发生。缺乏安全用电常识以及违反安全操作规程是造成人体触电的主要原因。触电后，若抢救不及时或急救处置方法不当，都会造成人员伤亡，可见，掌握安全用电常识非常重要。

任务描述

1）观察电工、电子及机电等实训室电气布线要求及配置的器材。

2）模拟现场触电急救操作。

任务准备

一、电力内线的施工规程

1. 室内外配线施工一般要求

1）室内、室外配线应采用电压等级不低于500V的绝缘导线。

2）重要场所、有易燃易爆危险的场所应采用金属管配线。

3）腐蚀性场所应采用硬塑料管配线，且管接头处应密封。

4）重要控制电路、移动用的导线，特别潮湿的场所和严重腐蚀性场所、有剧烈振动用电设备的线路及有特殊规定的场所应采用铜线。

2. 低压带电作业的一般规则

1）低压带电作业应设专人监护，应使用有绝缘柄的工具。工作时，应戴绝缘手套和安全帽，站在干燥的绝缘物上作业。必须穿长袖衣物工作，严禁使用锉刀、金属尺和带有金属物的毛刷、毛掸等工具。

2）在高低压同杆架设、低压带电线路上工作时，应先检查低压线与高压线的距离，采取防止误碰带电高压设备的措施。在低压带电导线未采取绝缘措施时，工作人员不得穿越。在带电的低压配电装置上工作时，应采取防止相间短路和单相接地的绝缘隔离措施。

3. 安全用电注意事项

1）不可用铜丝、铁丝代替熔丝。因铜丝、铁丝的熔点比熔丝高，当发生短路等事故时，线路无法被切断（铜丝、铁丝不能熔断），从而失去了对电路的保护作用。

2）不要移动处于工作状态的用电器，应在切断电源的条件下移动。防止电路中用电器的总功率负荷过大，造成导线中电流超过其所允许通过的最大正常工作电流而发热，烧毁导线绝缘层，损坏用电设备。

3）发现导线绝缘破损时，应及时用电工绝缘胶布（专用胶布）包扎，不可使用白色医用胶布及一般塑料带包扎。

4）用电器发声异常或有焦糊味等现象时，应迅速切断电源，防止酿成火灾。同时，请电工维修。

5）从安全角度考虑，床头灯尽量不用灯头上的开关控制，应选用拉线或电子遥控开关控制。

二、相关知识与触电急救

1. 相关知识

（1）三相交流电

我国低压供电线路的三相电线电压为380V，而相电压对地（中性线）为220V。居民低压供电为三相五线制，五线命名：①A——A相，相线（对地电位380V）；②B——B相，相线（对地电位380V）；③C——C相，相线（对地电位380V）；④N——中性线（对地电位基本为0V）；⑤PE——接地线（对地电位0V）。A、B、C之间任意两根的电压为交流380V，即A－B、B－C、C－A之间均为380V；A、B、C任意一根与N之间的电压为220V，即A－N、B－N、C－N之间均为220V。

根据国家标准规定，为便于识别成套装置中各种导线的作用和类别，明确规定各类导线的颜色标志如下：

黄色——交流三相电路的第一相；绿色——交流三相电路的第二相；红色——交流三相电路的第三相；淡蓝色——交流三相电路的中性线；绿-黄双色——安全用电接地线。

（2）安全电压

行业规定安全电压为不高于36V，持续接触安全电压为24V。在潮湿环境中，人体的安全电压为12V。正常情况下，人体的安全电压不超过50V。当电压超过24V时，应采取接地措施。

（3）触电及电流危害

触电或雷击是由于人体直接接触电源，一定量的电流通过人体后，致使人体组织损伤和功能障碍甚至死亡。触电事故种类：按照触电事故的构成方式，可分为电击和电伤。电击是电流对人体内部组织的伤害，是最危险的一种伤害，绝大多数（大约85%以上）的触电死亡事故都是由电击造成的。电伤是由电流的热效应、化学效应、机械效应等对人造成的伤害。触电伤亡事故中，纯电伤性质的及带有电伤性质的约占75%（电烧伤约占40%）。尽管大约85%以上的触电死亡事故是电击造成的，但其中大约70%含有电伤成分。

电击对人体的危害程度主要取决于通过人体电流的大小和电流通过人体的时间的长短。电流越大，致命危险越大；电流通过人体的时间越长，死亡的可能性越大。能引起人体感觉的最小电流称为感知电流，交流为1mA，直流为5mA；人触电后能自己摆脱的最大电流称为摆脱电流，交流为10mA，直流为50mA；在较短的时间内危及生命的电流称为致命电流，如50mA的电流通过人体1s，可使人致命，因此致命电流为50mA。在有触电保护装置的情况下，人体允许通过的电流一般可按30mA考虑。

2. 触电急救

1）在切断电源的过程中，应注意以下事项。

① 绝对不允许直接用手去拉触电者，以防止救护人员触电。

② 要特别防止高处触电者脱离电源后摔伤。

③ 如采用人为短路的办法使前级熔断器熔断或使自动开关掉闸，则应一方面考虑再次送电的可能性，另一方面要迅速采取适当措施使触电者脱离电源。

2）当触电者脱离电源以后，可根据受伤者的不同情况采取抢救措施。

① 如果触电者神志清醒但乏力、心慌、头昏，应让其就地安静休息，并及时请医生救治或送医院抢救。

② 如果触电者神志不清，失去知觉，但还有呼吸、心跳，应让其处于空气流通环境中，并解开其上衣，以利于呼吸，然后迅速请医生救治或送医院抢救。

③ 如果触电者神志不清且呼吸、心跳停止，应毫不迟疑地在现场进行人工呼吸和心脏按压，同时向医院或急救中心求救。

3）人工呼吸法（口对口人工呼吸法）。

① 使触电者平直仰卧，头部尽量后仰，并清除口腔里的异物。

② 救护者蹲跪在触电者的头旁，一只手捏紧触电者的鼻孔（不要漏气），另一只手将其下颌拉向前下方，使他的嘴能张开。

③ 救护者深吸气后，即对触电者的嘴吹气。吹气以胸部略有起伏为宜，吹气用力过大或过小都不好。

④ 气完毕，救护者自己吸气时，应将触电者的鼻孔松开，使伤者自动向外呼气。

以上步骤应重复进行，且保持3～5 s吹气1次，直至患者的心跳和呼吸恢复正常为止。以上步骤的操作方法如图1-1所示。

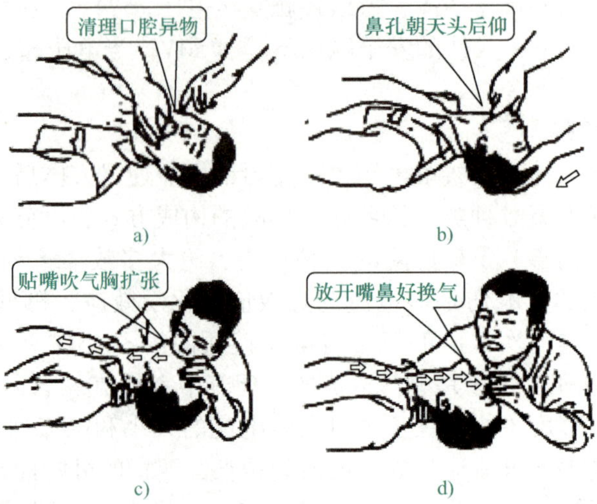

图 1-1　口对口人工呼吸法

4）胸外心脏按压法。当触电者心跳完全停止时，除对其进行人工呼吸外，同时还应对其施行胸外心脏按压，使其心脏恢复跳动。进行胸外心脏按压的救护者，应是经过专业训练的人。胸外心脏按压的方法如图 1-2 所示。

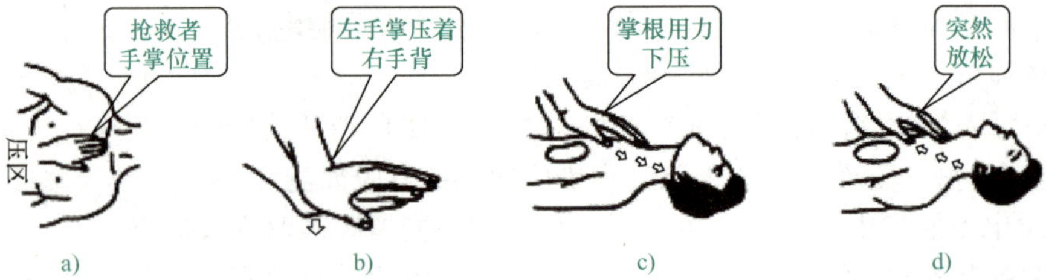

图 1-2　胸外心脏按压法

具体操作步骤如下：

① 触电者仰卧于硬板床或地上，如为软床，身下应放一木板，以保证按压有效，但不要为了找木板而延误抢救时间。

② 抢救者体位：抢救者应紧靠触电者胸部一侧，为保证按压时力量垂直作用于胸骨，抢救者可根据触电者所处位置的高低采用跪式等不同体位。

③ 确定按压部位：正确的按压部位是胸骨中、下 1/3 处。

正确有效的按压技术要求：

① 抢救者的上半身前倾，两肩要位于双手的正上方，两臂伸直，两肘关节不可弯曲。以上半身的体重和肩、臂部肌肉的力量，垂直向下按压，不可偏向一侧或左右摇摆。

② 按压应平稳，用力要均匀，要有规律地按压，不能间断。

③ 每次按压后，要全部放松，使触电者胸部恢复至正常位置，务必使胸骨不受任何压力。放松时注意定位的手掌根部不要离开胸骨定位点。判断按压是否有效：如有两名抢救者，在一人按压时，另一人应触及颈动脉或股动脉是否搏动。

三、电气火灾的消防知识

1）电气设备发生火灾时，要尽快切断电源（如关闭电源开关或拔下电源插头）。如果电源开关离火灾发生地点较远，可以用有绝缘手柄的钢丝钳将电源线依次剪断。

2）灭火时，灭火人员不可使身体或手持的灭火工具触及导线和电气设备，以防触电。

3）一般情况下，发生电气火灾时应迅速切断电源，之后，按普通火灾的扑救方法紧急处理。在特殊情况下需要带电灭火时，不可使用水或泡沫灭火器灭火，应使用黄砂、干粉灭火器或四氯化碳灭火器等不导电的灭火器材灭火，同时拨打“119”报警。若用导电的灭火器灭火，既有触电危险，又会损坏电气设备。

任务实施

一、看一看，记一记

参观本校电工、电子实训室，了解实训设备、布线规格、安全防范设施，并记录数据。

二、做一做，比一比

模拟现场触电急救操作，对模型实施胸外心脏按压法，分小组比赛。

任务评价（见表1-1）

表1-1　评价表

班　级	姓　名	日期	同　组　人	工　时	得　分
序　号	考核项目	配分	评分标准	扣　分	备　注
1	实训室布线	20	内线布线、安全规程		
2	实训设备	20	接线、布局安全规范		
3	人工呼吸操作	20	操作规程		
4	消防急救演示	20	操作规程		
5	安全文明生产	20	1. 违反安全文明生产考核要求，每项扣2分 2. 有重大人身事故隐患时，要立即予以制止，并扣2～10分		
得分		收获与体会			

课后作业

1）请记录生活环境中的用电安全隐患，并给出解决办法。

2）身边有人触电了，你会怎么做呢？

3）请采访一下消防员，电器着火该如何处理？

任务2　常用电工工具的识别与选用

常用电工工具是指一般电工电子专业使用的工具。能否熟悉和掌握电工工具的性能、使用方法、操作规范，将直接影响电工工作效率、电子工程的质量乃至人身安全。

任务描述

认识常用电工工具，学会基本操作方法及注意事项。在电工电子实训室每个工位上提供以下工具和器材。

常用工具：试电笔、电工刀、尖嘴钳、断线钳、剥线钳。

器材：硬、软导线各0.5m。

任务准备

电工实训室常用工具

1. 试电笔

试电笔又称验电笔或测电笔，如图1-3所示。其检测电压在500 V以下，是一种低压电工工具，主要用于测量电路是否带电。如果用试电笔的笔尖和电路接触，氖管点亮，则电路带电，此时人体不能触及电路。

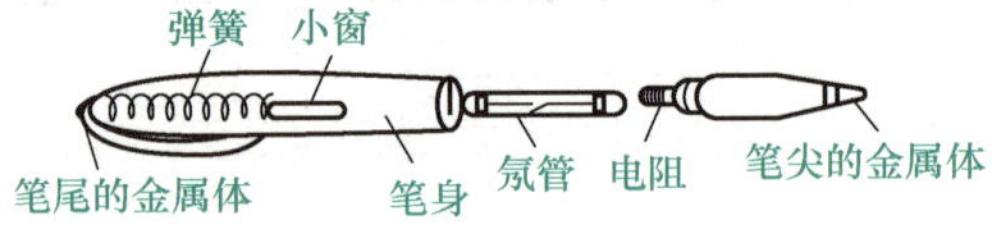

图1-3　试电笔

2. 电工刀

电工刀分普通式和三用式两种。普通式电工刀如图1-4所示，按其刀片长度分大号和小号两种规格。三用式电工刀增加了锯片和锥子，可用来切割导线槽板和锥钻木螺钉的底孔。电工刀主要用于剥削较硬导线（如黑皮线、单股塑料硬线等）的绝缘层，还可以用来削制小木砖或切割木台的缺口。

图1-4　普通式电工刀

3. 螺钉旋具

螺钉旋具俗称改锥、起子，如图1-5所示。其种类很多，按头部形状的不同，可分为“一”字形和“十”字形两种形式。螺钉旋具主要用来旋紧或放松螺钉。

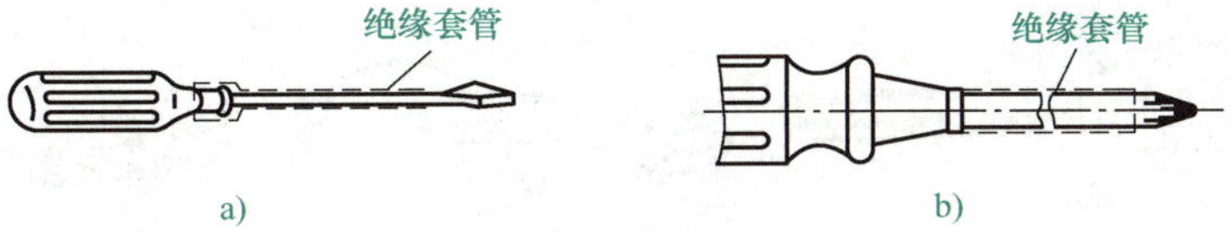

图 1-5　螺钉旋具

a）一字螺钉旋具　b）十字螺钉旋具

4. 钢丝钳

钢丝钳的功能较多，可以夹持、弯扭和剪切金属薄板，剪断导线和细金属丝；还可以剥去导线的绝缘层；也可以用来扳转小的有角螺母或用来起钉子等。其外形及功能如图 1-6 所示。使用时，用右手握住钳柄，根据需要分别使用钳头的 4 个部位。

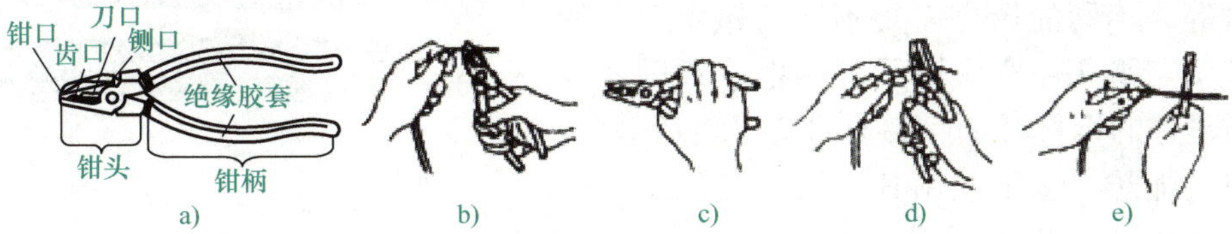

图 1-6　钢丝钳

a）构造　b）弯绞导线　c）扳旋螺母　d）剪切导线　e）剪切钢丝

5. 剥线钳

剥线钳主要用于剥除线芯截面积为 $6mm^2$ 以下的塑料或橡胶导线端部的绝缘层。使用时，将需要剥离的导线长度定好后，放入比导线线径稍大的刀口中，用手握紧钳柄向外稍用力，导线绝缘层即被剥离。如果刀口的直径小于线芯直径，则会切伤线芯。剥线钳的外形如图 1-7所示。

6. 尖嘴钳

尖嘴钳头部尖细，适于在狭小的工作空间操作。当连接导线与接线柱时，常用它将导线线芯弯成圆环状后套在螺栓上。尖嘴钳还可以用来夹持小螺母、小零件进行电气安装等。带刀口的尖嘴钳能剪断细小的金属丝。尖嘴钳外形如图 1-8 所示。

7. 断线钳

断线钳又称偏口钳，可剪断较粗的金属丝、线材及导线、电缆等，如图 1-9 所示。

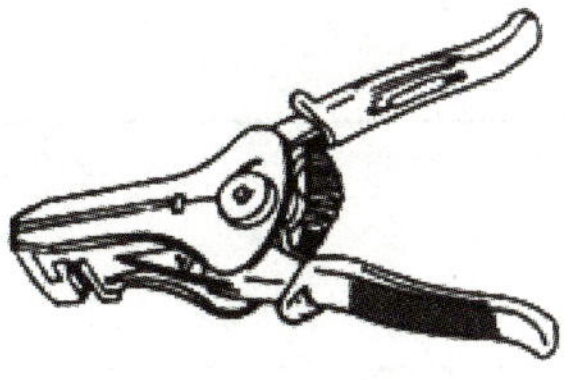

图 1-7　剥线钳

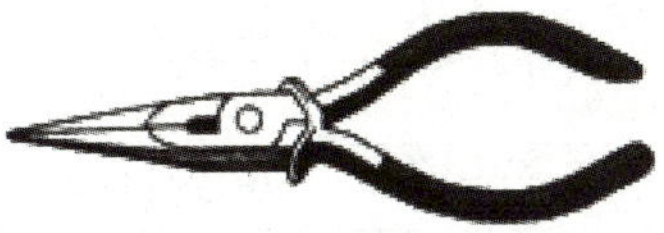

图 1-8　尖嘴钳

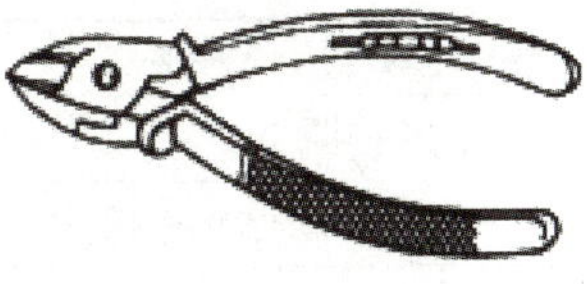

图 1-9　断线钳

8. 扳手

扳手分为活扳手（俗称活动扳手）和呆扳手（俗称固定扳手），是用来紧固和拧松螺母的一种专用工具。活扳手外形及使用方法如图 1-10 所示。

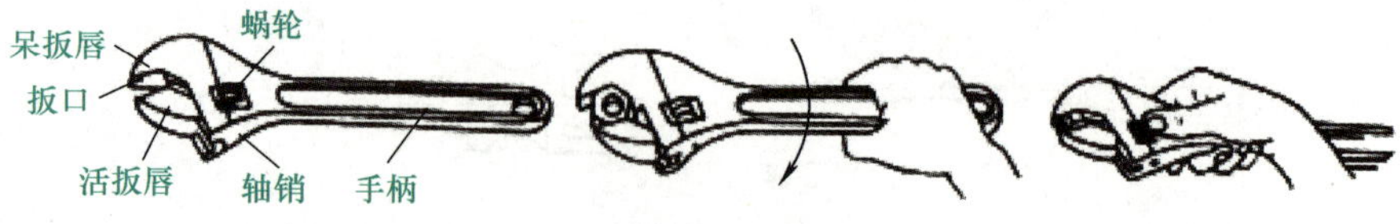

图 1-10 活扳手

a）外形及结构 b）扳动较大螺母时的握法 c）扳动较小螺母时的握法

9. 镊子

如图 1-11 所示，镊子是电子装配、维修中经常使用的工具，常用于夹持导线、元器件及集成电路引脚等。不同的场合需要不同的镊子，一般要准备直头、平头、弯头镊子各一把。常用的要选一把质量好的钢材镊子。镊子的使用注意事项：①不可将其加热。②不可用其夹酸性药品。③用完后必须使其保持清洁。

图 1-11 镊子

任务实施

一、认一认

认识各种电工常用工具，并熟悉它们的基本功能。

二、做一做

使用以上电工工具，对以下几个项目进行操作，注意操作方法。

1）用试电笔判别插座相线与中性线。

2）用剥线钳、断线钳、尖嘴钳对硬、软线进行加工。

3）用螺钉旋具、扳手、钢丝钳等对螺钉、螺母进行紧固、放松操作。

任务评价（见表 1-2）

表 1-2 评价表

班级	姓名	日期	同组人	工时	得分
序号	考核项目	配分	评分标准	扣分	备注
1	试电笔测插座	20	试电笔的正确操作方法		
2	硬导线加工	20	工具的正确使用方法及硬导线加工方法		
3	软导线加工	20	工具的正确使用方法及软导线加工方法		

（续）

序　　号	考 核 项 目		配分	评 分 标 准	扣　　分	备　　注
4	螺钉螺母操作		20	工具的正确使用方法		
5	安全文明生产		20	1. 违反安全文明生产考核要求，每项扣2分 2. 有重大人身事故隐患时，要立即予以制止，并扣2～10分		
得分		收获与体会				

课后作业

1）如果你在家里安装一盏照明灯，会用到哪些电工工具？

2）你觉得钢丝钳除了书本上描述的作用之外，还有哪些作用？

3）使用活扳手紧固螺母时的注意事项是什么？

项目小结

随着人们生活水平的不断提高，生活中用电的地方越来越多了。因此，我们有必要掌握基本的安全用电常识，以保证生活中的人身和财产安全。每一样电工工具都有其独特的用处，只有了解它们的作用并掌握使用它们的方法，才能在实践中做到得心应手。本项目主要学习了以下内容：

1）电工必须了解的用电安全及防护急救措施，包括电力内线的施工规程、触电后的急救、电气火灾的消防知识以及常规操作方法。

2）常用电工工具的识别与选用。

习　　题

一、填空题

1. 低压带电作业应设________监护，应使用有绝缘柄的工具。工作时，应戴________手套和安全帽，站在干燥的绝缘物上作业。

2. 在带电的低压配电装置上工作时，应采取防止________和________的绝缘隔离措施。

3. 人体触电有________和________两类。

4. 当触电者心跳完全停止时，除对其进行人工呼吸外，同时还应对其施行________，使其心脏恢复跳动。

5. 现行标准下，我国交流电路三相线分别采用________、________和________颜色标识。

6. 发生电气火灾时应迅速切断________，之后，按普通火灾的扑救方法紧急处理。

7. 剥线钳主要用来剥除线芯截面积为________以下的塑料橡胶导线端部的绝缘层。

8. 扳手分为活扳手（俗称活动扳手）和呆扳手（俗称固定扳手），是用来________和拧松螺母的一种________工具。

二、选择题

1. 50mA 电流属于（　　）。

A. 感知电流　　B. 摆脱电流　　C. 致命电流

2. 触电事故中，绝大部分是（　　）导致人身伤亡的。

A. 人体接受电流遭到电击

B. 烧伤

C. 电休克

3. 如果触电者伤势严重，呼吸停止或心脏停止跳动，应竭力施行（　　）。

A. 按压　　B. 点穴　　C. 人工呼吸

4. 电气设备或电气线路发生火灾时应立即（　　）。

A. 用水灭火　　B. 切断电源　　C. 用沙灭火

5. 电气火灾在断电前不可选择下列哪些灭火器灭火？（　　）

A. CO_2灭火器　　B. 泡沫灭火器　　C. 干粉灭火器

6. 下列导体色标表示接地线的颜色是（　　）。

A. 黄色　　B. 绿色　　C. 淡蓝　　D. 绿-黄双色

7. 下列不是常用电工工具的是（　　）。

A. 电工刀　　B. 万用表　　C. 断线钳　　D. 剥线钳

8. 低压照明灯在潮湿场所、金属容器内使用时应采用（　　）安全电压。

A. 380V　　B. 220V

C. 等于或小于 36V　　D. 大于 36V

三、判断题

1. 为了防止触电，可采用绝缘、防护、隔离等技术措施以保障安全。（　　）

2. 有人低压触电时，应该立即将他拉开。（　　）

3. 在任何环境下，36V 都是安全电压。（　　）

4. 触电者昏迷后，可以猛烈摇晃其身体，使其尽快复苏。（　　）

5. 电气设备必须具有一定的绝缘电阻。（　　）

6. 胸外心脏按压的正确位置在人体胸部左侧，即心脏处。（　　）

7. 当触电者牙关紧闭时，可用口对鼻人工呼吸法。（　　）

8. 试电笔是一种低压电工工具，用于测量电路是否带电。（　　）

9. 进行胸外心脏按压时正确有效的按压技术要求是按压应平稳，用力要均匀，要有规律地按压，不能间断。（　　）

10. 使用剥线钳时选择的切口直径应稍大于线芯直径。（　　）

四、简答题

1. 安全用电应注意哪些事项？

2. 人工呼吸法的主要步骤是什么？

项目2

常用电工电子仪器仪表的使用

项目目标

1）了解万用表、钳形电流表及绝缘电阻表的结构、工作原理。

2）熟练掌握万用表、钳形电流表及绝缘电阻表的使用方法。

项目描述

维修电工初级考试有多道试题都需要用到仪器仪表对元器件进行检测，电力拖动的安装调试、检修故障电路等项目也都需要用仪器仪表进行检测。另外，本项目还重点介绍了使用万用表对电阻器、电容器、二极管、晶体管等进行识别与检测。通过学习实践，使学生初步掌握电工电子仪器仪表的使用。

任务1　万用表的使用

任务描述

1）了解万用表的结构、功能。

2）掌握用万用表进行测试的方法。

任务准备

一、指针式万用表（见图2-1）

万用表是最基本、最常用的电子测量仪表之一。了解万用表使用常识，掌握利用万用表来判断元器件的好坏、检修故障电路的方法，是维修电工必备的技能。下面对万用表表盘刻度量程进行介绍。

图 2-1　不同类型的指针式万用表

面板结构（见图 2-2）

MF47 型指针式万用表是设计新颖的磁电系整流式便携多量程万用电表，具有灵敏度高、体积轻巧、性能稳定、过载保护可靠等特点，是电气技术人员广泛使用的一种测量仪表。它可测量直流电流、交直流电压及直流电阻等，其基本组成包括测量机构、刻度盘、转换开关、测量电路、晶体管测量插孔、欧姆调零旋钮和正、负极插孔等。

图 2-2　MF47 型指针式万用表面板结构

（1）表头

表头通常采用高灵敏度的磁电系测量机构，它的满刻度偏转电流一般为几微安到几百微安。满刻度偏转电流越小，灵敏度越高，表头的内阻也就越大。

（2）刻度盘

MF47 型指针式万用表刻度盘如图 2-3 所示。其中，A－V－Ω 表示可以测量电流、电压和电阻；“－”或“DC”表示直流，“～”或“AC”表示交流。表盘上印有多条刻度线，从上往下第一条黑线为电阻刻度线，其左端为“∞”、右端为“0”，该刻度值分布是不均匀的；第二条黑线为电流或电压刻度线，其左端为 0，右端为最大值，刻度值有三种，分别为 0/50/100/150/200/250，0/10/20/30/40/50，0/2/4/6/8/10。实际测量时，通过刻度线与转换开关配合使用读取测量结果。第三条刻度线为晶体管放大倍数 hFE 刻度线，其左端为 0，右端为最大值，刻度值为 0/50/100/200/500/1000。第四条刻度线为电容刻度线。第五条刻度线为频率刻度线。表盘上还设有机械调零旋钮，用以校正指针是否在零位。

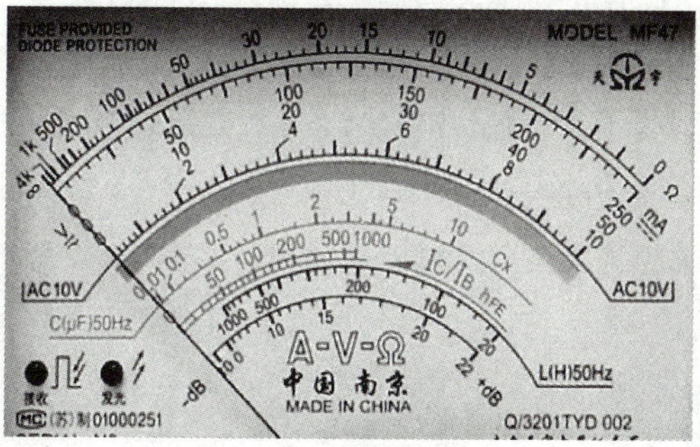

图 2-3　MF47 型指针式万用表刻度盘

（3）转换开关

万用表的测量电路实质上是由多量程直流电流表、多量程直流电压表、多量程整流式交流电压表及多量程电阻表等几种测量电路组合而成的。有的万用表还有多量程整流式交流电流表、小功率晶体管直流放大倍数等测量电路。万用表的转换开关是一个多挡位的旋钮，用来选择测量项目和量程，MF47 型指针式万用表的转换开关如图 2-4 所示，其可选择的测量项目包括以下几项。

图 2-4　MF47 型指针式万用表转换开关

① “mA” 为直流电流挡：包括 0.05mA、0.5mA、5mA、50mA、500mA。

② “$\underline{V}$” 为直流电压挡：包括 0.25V、1V、2.5V、10V、50V、250V、500V、1000V。

③ “$\underset{\sim}{V}$” 为交流电压挡：包括 10V、50V、250V、500V、1000V。

④ “Ω” 为电阻挡：包括 ×1Ω、×10Ω、×100Ω、×1kΩ、×10kΩ。

⑤ 放大倍数挡：ADJ 为放大倍数调零挡，hFE 为放大倍数测量挡。

（4）晶体管测量插孔

该插孔位于万用表的中央靠左端的位置，如图 2-5a 所示，插孔分成两列，左侧三个孔从上至下标有 c、b、e，称为 N 孔，用于测量 NPN 型晶体管的放大倍数，测量时，将晶体管的 c、b、e 管脚分别插入对应的插孔中。右侧三个孔从上至下标有 e、b、c，称为 P 孔，用于测量 PNP 型晶体管的放大倍数，测量时，将晶体管的 e、b、c 管脚分别插入对应的插孔中。

（5）表笔和表笔插孔

表笔分为红、黑两只。使用时，应将红色表笔插入标有“＋”的插孔，黑色表笔插入标有“－”的插孔，如图 2-5b 所示。测量 500～2500V 交流电压时，红表笔插入“2500V”插孔，黑色表笔插入“－”插孔；测量 500mA～5A 直流电流时，红表笔插入“5A”插孔，黑色表笔插入“－”插孔，如图 2-5c 所示。

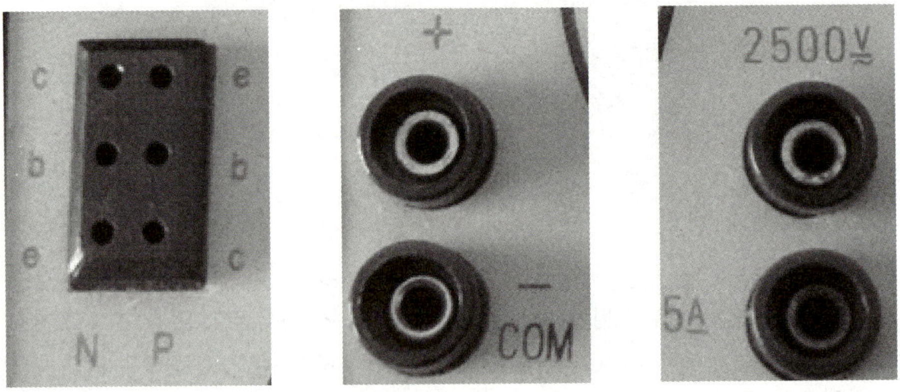

a)　　b)　　c)

图 2-5　MF47 型指针式万用表面板插孔图

a）放大倍数插孔　b）红、黑表笔插孔　c）红表笔 5A 和 2500V 插孔

（6）机械调零旋钮

机械调零旋钮位于表盘下方中间位置，如图 2-6a 所示，主要用于万用表的机械调零。正常情况下，指针式万用表表笔开路时，电流与电压挡时的指针应指向刻度线的零位，如果不在零位，就需要进行机械调零，以确保测量的准确性。调零时，需要用小号平口螺钉旋具向左或向右调节此旋钮，直至万用表的指针指向零位。

（7）欧姆调零旋钮

欧姆调零旋钮位于万用表的中央靠右端的位置，如图 2-6 b 所示，标有“Ω”字样，测量电阻前都要先通过欧姆调零旋钮进行调零。欧姆调零的方法很简单，即把红黑两表笔短接后，调节该旋钮使指针指向 Ω 刻度盘的零位。

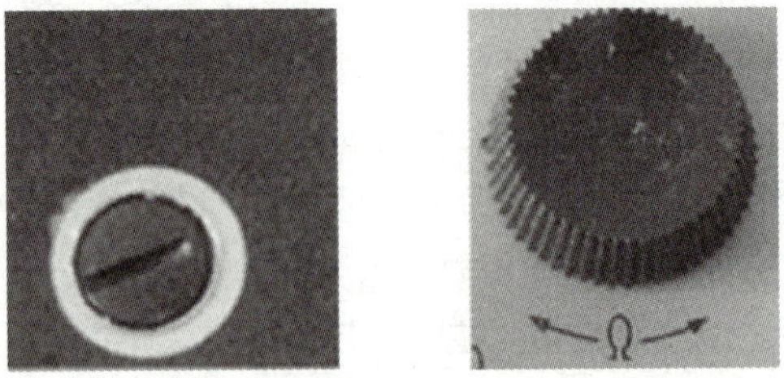

a)　　b)

图 2-6　万用表调零

a）机械调零旋钮　b）欧姆调零旋钮

二、数字式万用表

1. 数字式万用表的结构组成

数字式万用表主要由转换开关、测量电路及数字式电压基本表等组成。

1）转换开关。与测量插座相配合，把被测信号按照被测量参数接到相应的电路中。

2）测量电路。把被测的各种电量和电参量转换成微小的直流电压，并经过复杂的整形后送入到数字式电压基本表内。

3）数字式电压基本表。该表的主要任务是将被测模拟量转换成数字量并送入计数器中，通过译码器变换成七段码，最后驱动显示器显示出相应的测量结果。它主要由 A－D 转换器、数码显示器和电源三部分组成。

2. 面板结构

目前，数字式万用表的型号很复杂，一般可以测量交直流电压、交直流电流、电阻、电感、电容、频率及温度等参数。面板结构与指针式万用表大同小异，VC9808 型万用表是一种典型的数字式万用表，其面板结构如图 2-7 所示，主要包括液晶显示屏、电源开关、转换开关、表笔插孔、晶体管测量插孔、电容插孔、PK HOLD 键及 DC/AC 键等，后面板装有电池盒。

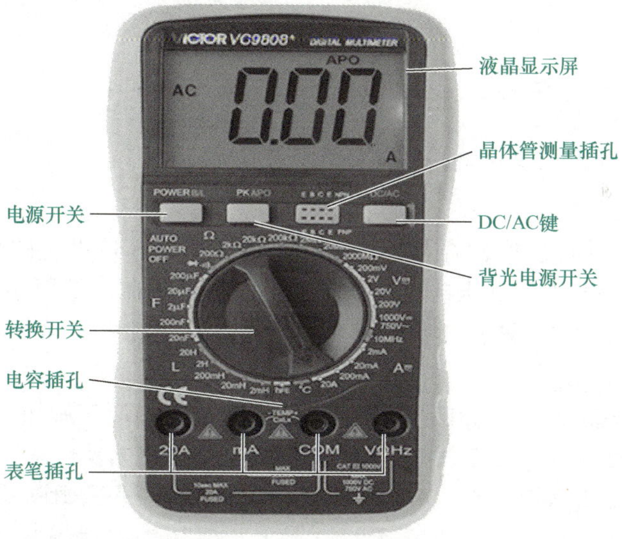

图 2-7　VC9808 型数字式万用表面板结构

1）液晶显示屏。它的作用是显示仪表所测量的数值和单位。该表采用 FE 型大字号液晶显示屏（LCD），最大显示值为 1999。该表还有自动调零和自动显示极性功能，测量时如果被测电压或电流极性为负，会在显示值前出现“－”。当仪表所用电源电压（正常时为 9V）低于 7V 时，显示屏会显示电量不足符号，以提醒使用者及时更换电池。

2）“POWER”键。该键为电源开关，使用前先按一次保证屏幕有显示，再按一次显示关闭。

3）转换开关。用于改变功能或量程。位于面板中央的转换开关可提供 30 种测量方式，供使用者选择。

4）表笔插孔。表笔插孔共有4个，位于面板下方。使用时，黑表笔插入公共地“COM”插孔，红表笔根据测量种类和量程的不同分别插入“VΩHz”“mA”“20A”插孔内。使用时应注意，在“COM”与“mA”之间标有“MAX200mA”字样，表示两个插孔之间输入的直流电流或交流电流都不得超过200mA。在“COM”与“20A”之间标有“MAX20A”字样，表示两个插孔之间输入的直流电流值不得超过20A。在“COM”与“VΩHz”之间标有“MAX1000VDC/700VAC”字样，这表示两个插孔之间输入的直流电压或交流电压分别不得超过1000V和700V。

5）晶体管测量插孔。用于测量晶体管的放大倍数。采用8芯hFE插座，旁边分别标有b、c、e，其中E孔有两个，在内部连通。测量时，应将晶体管的三个管脚插入对应的插孔内。

6）电容插孔。用于测量电容容量或电感量的大小，测量时，应将被测电容（或电感）插入该插孔，再配合相应的电容（或电感）量程，即可进行测量。

7）PK HOLD键。该键为峰值保持开关，按下此键，可以将仪表当前所示峰值保持在液晶显示器上，再按一次，退出保持状态。

8）DC/AC键。用于选择DC和AC工作方式。国际电气符号中，AC表示交流，DC表示直流。

9）电池盒。电池盒位于后盖下方，为了便于检修，起过载保护作用的0.5A快速熔断器也安装在电池盒内。

三、万用表的使用方法

指针万用表的使用

1. MF47型指针式万用表的使用方法

（1）欧姆挡的使用方法

1）机械调零。使用前，应检查万用表指针是否在机械零位上，即指针在静止时是否在电阻刻度线的“∞”（电流与电压挡时为0）位置上。若不在，应用小螺钉旋具调节机械调零旋钮，使指针指在“∞”。**注：**测量其他电参数时也应该进行机械调零操作。万用表机械调零操作如图2-8所示。

2）欧姆调零。短接万用表的红、黑表笔，然后调节欧姆调零旋钮，使指针指在“0”位置上。**注：**每换一次电阻挡，都要进行一次欧姆调零，以减小测量误差；若调不到零位，多数原因是由于万用表的电池电量不足，此时需要更换电池。万用表欧姆调零操作如图2-9所示。

3）测量结果。将转换开关置于合适的位置上，万用表的表笔接于被测电路或器件两端，观察指针的位置，被测电路或器件的电阻值 = 指针的指示值 × 转换开关的指示值。

（2）电压挡的使用方法

1）表笔使用。将红表笔插入“+”插孔，黑表笔插入“-”插孔（测量500～2500V电压时，红表笔插入2500V插孔）；测量直流电压时，红表笔接电路的高电位，黑表笔接电路的低电位；测量交流电压时，红、黑表笔可以任意接测试端两端。

2）挡位选择。若已知被测点电压的正负，但无法估计电压的大小，应先选择最高电压挡位进行测量，然后根据指针的偏转情况调整到合适的挡位；若不知道电压的正负，一般是先用黑表笔顶住假想的负极，红表笔轻触假想的正极，如果指针顺时针摆动则假想正确，反之假想错误。

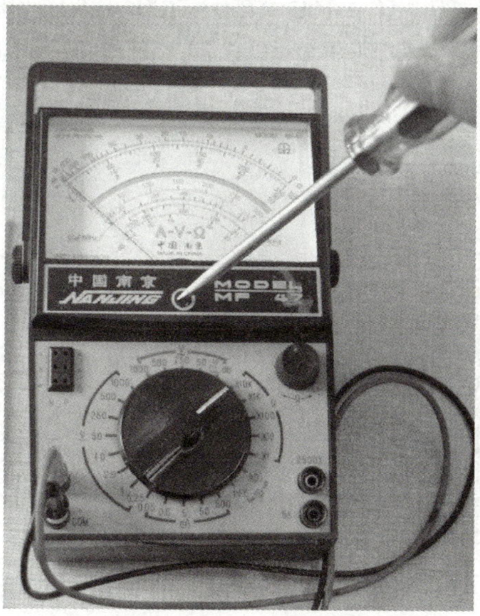

图 2-8　万用表机械调零

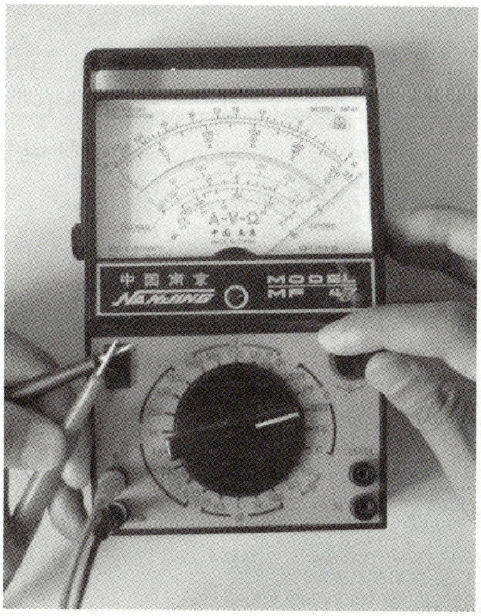

图 2-9　万用表欧姆调零

3）测量结果。将转换开关置于合适的挡位，万用表的表笔并联于被测电路或器件两端，观察指针的位置，测量结果 = 指针指示值/满刻度值 × 转换开关的指示值。

例如，转换开关置于“×50V”挡，按第一种刻度值读取指针读数为“200”，那么最终测量值就是：200/250 × 50V = 40V；按第二种刻度值读取指针读数为“40”，那么最终测量值就是：40/50 × 50V = 40V；按第三种刻度值读取指针读数为“8”，那么最终测量值就是：8/10 × 50V = 40V。也就是说，无论按第几种刻度值读数，最终的测量结果都是一样的。

为了读数方便，转换开关置于 10V、50V、250V 挡位时，应分别读取 0 - 2 - 4 - 6 - 8 -

10，0－10－20－30－40－50，0－50－100－150－200－250 刻度线。此时，指针指示值即为测量结果。图 2-10 为用万用表测交流电压示意图，图 2-11 为用万用表测直流电压示意图。

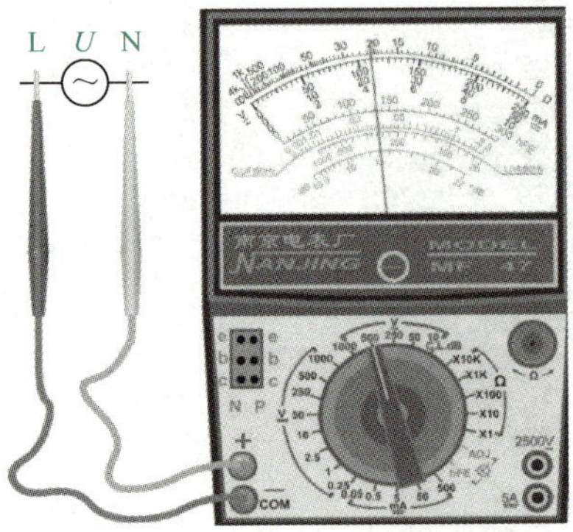

图 2-10　万用表测交流电压示意图

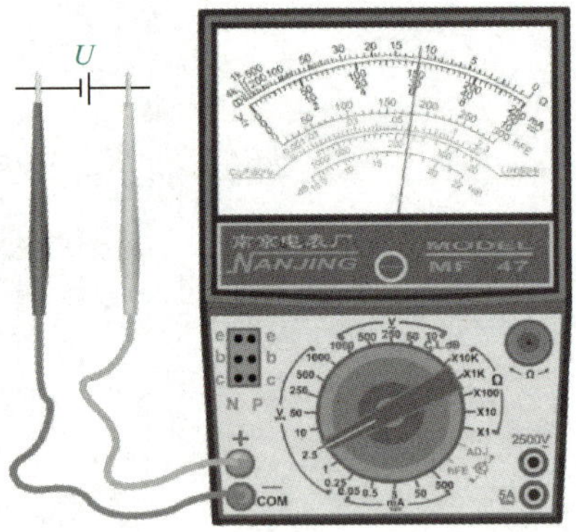

图 2-11　万用表测直流电压示意图

（3）电流挡的使用方法

1）表笔使用。测量直流电流时，首先将黑表笔插入“－”插孔，红表笔插入“＋”插孔（测量 500mA～5A 电流时，红表笔插入 5A 插孔），然后将万用表串联在电路中，红表笔接电流的流入端（高电位端），黑表笔接电流的流出端（低电位端）。

2）挡位选择。若无法估计电流的大小，应先选择最高电流挡进行测量，然后根据指针的偏转情况调整到合适的挡位；若不知道电流的方向，一般是先用黑表笔顶住假想的低电位端，红表笔轻触假想的高电位端，如果指针顺时针摆动则假想正确，反之假想错误。

3）测量结果。测量结果＝指针指示值/满刻度值×转换开关的指示值。通常转换开关置于 0.5mA、5mA、50mA、500mA 挡时，都读取 0－10－20－30－40－50（mA）刻度线，此时，测量结果为指针指示值乘以倍率。

4）测量大电流（500 mA～5A）时，红表笔插入 5A 插孔，黑表笔仍然插入“－”插孔，将转换开关置于 500 mA 挡位。

5）测量交流电流时表笔无正负之分，方法与测量直流电流相同。

图 2-12 为用万用表测直流电流示意图。

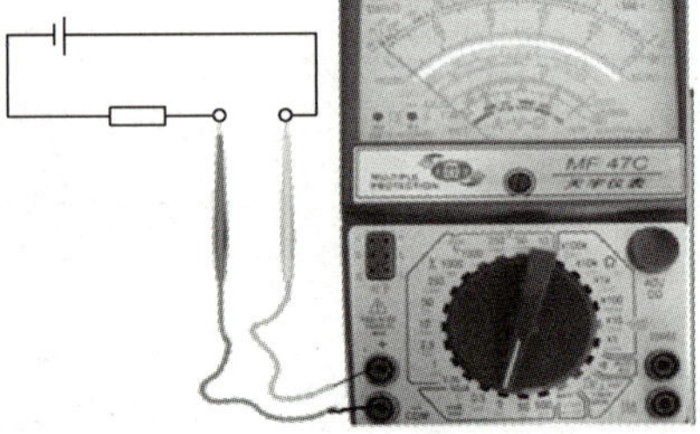

图 2-12　万用表测直流电流示意图

（4）MF47 型万用表使用注意事项

1）使用欧姆挡时不允许带电测量。

2）测量电阻时，两只手不能同时捏住表笔的金属部分，因为这样会导致人体电阻并联于被测电阻两端，使测量结果不准确，并且容易触电。

3）测量时，应根据指针的位置选择合适的转换开关指示值，指针摆动过大和过小，测量结果都不够准确，甚至可能损坏万用表。合适的位置是使指针尽量指在表盘刻度线的中间处。

4）测量完毕，应将转换开关调在交流电压的最高挡位上，不能置于电阻挡，防止表笔短接耗尽表内电池的电量。万用表长时间不用时，应将电池取出，防止电池漏液而损坏万用表。

5）用万用表测电阻时使用的是内部电源，这时黑表笔是电源的正极，红表笔是电源的负极。

6）用测量 100V 以上电压时，要养成单手操作习惯，即先将黑表笔固定于零电位处，再单手用红表笔碰触被测端，以确保人身安全。

2. VC9808 型数字万用表的使用方法

（1）直流电压的测量方法

1）将黑表笔插入 COM 插孔，红表笔插入 V/Ω 插孔。

2）将转换开关置于 V⎓ 量程范围，表笔与被测电路并联，电压读数即可显示，红表笔所接端的极性也将同时显示。

注意：① 在测量前如果不知被测电压范围，应先将转换开关置于最高量程挡，根据指针偏转情况逐挡调低。

② 当显示屏只显示“1”时，说明被测电压已超过万用表量程，需将转换开关调高一挡。

③ 不要用万用表测量 1000V 以上直流电压，虽然有可能得到读数，但有损坏仪表内部电路的危险。

④ 特别注意在测量高压时应避免触电。

（2）交流电压的测量方法

1）将黑表笔插入 COM 插孔，红表笔插入 V/Ω 插孔。

2）将转换开关置于 V~ 量程范围，表笔并联在被测负载或信号源上。

注意：① 参看直流电压部分的注意①、②、③。

② 不要用万用表测量 700V 以上交流电压，虽然有可能得到读数，但有损坏仪表内部电路的危险。

（3）直流电流的测量方法

1）将黑表笔插入 COM 插孔，当被测电流在 200mA 以下时，将红表笔插入 mA 插孔；当被测电流在 200mA ~ 10A 时，将红表笔插入 10A 插孔。

2）将转换开关置于 A⎓ 量程范围，表笔串联在被测电路中，仪表在显示电流读数时，红表笔所接端的极性也将同时显示。

注意：①在测量前如果不知被测电流范围，应将转换开关置于最高量程挡，根据指针偏转情况逐挡调低。

②当显示屏只显示“1”时，说明被测电流已超过万用表量程，需将转换开关调高一挡。

③mA 插孔最大输入电流为 200mA。

④10A 插孔无熔断器，测量时间应小于 10s，以免电路发热影响准确级。

（4）交流电流的测量方法

1）将黑表笔插入 COM 插孔，当被测电流在 200mA 以下时，将红表笔插入 mA 插孔；当被测电流在 200mA ~ 10A 时，将红表笔插入 10A 插孔。

2）将转换开关置于 A~ 量程范围，表笔串联在被测电路中。

注意：参看直流电流测量部分的注意①、②、③、④。

（5）电阻的测量方法

1）将黑表笔插入 COM 插孔，红表笔插入 V/Ω 插孔。

2）将转换开关置于 Ω 量程范围，表笔并联在被测负载或信号源上。

注意：①当被测电阻 > 1MΩ 时，仪表可能需要数秒后方能稳定读数，这是大电阻测量时的正常现象。

②测量大电阻时，尽可能将电阻直接插入 V/Ω 插孔，以免干扰。

③检测连接在电路中的电阻时，务必确认被测电路已关断电源且电容已放电完毕，方可进行测量。

④200MΩ 量程短路时显示有 1.0MΩ 字样，测量时应从读数中减去，如测量 100MΩ 电阻，显示 101.0，则结果为 101.0 − 1.0 = 100.0（MΩ）。

（6）电容的测量方法

1）将黑表笔插入 COM 插孔，红表笔插入 mA 插孔。

2）将转换开关置于 F 挡，并选择合适量程。

将被测电容连接到表笔两端（红表笔为正），有必要时请注意极性连接。接上电容之前，仪表显示值可能尚未归零，但可不必理会，不影响测量精度。不要把一个外部电压或已充电的电容（特别是大电容）连接到测试端。当大电容严重漏电或已击穿时，一般测量值会不稳定。

（7）晶体管的测量方法

1）将转换开关置于 hFE 挡。

2）先确定晶体管是 PNP 型还是 NPN 型，然后再将被测管 e、b、c 三个管脚分别插入面板对应的测试插孔内。仪表显示的是 hFE 近似值，测试条件为基极电流 10μA，电压 U_{ce} 约 3V。

（8）二极管的测量方法

1）将黑表笔插入 COM 插孔，红表笔插入 V/Ω 插孔。（红表笔极性为“+”）。

2）将转换开关置于量程范围，表笔并联在被测二极管上。

注意：当输入端开路时，仪表显示为过量程状态；当二极管正接时，仪表显示值为正向压降毫伏值，当二极管反接时，则显示过量程状态。

（9）通断（蜂鸣）测试

1）将黑表笔插入 COM 插孔。

2）将转换开关置于量程范围（与二极管测试同一量程），将表笔并联在欲检查的电路两端。

3）当被检查两点之间的电阻值小于 50Ω 时，蜂鸣器立刻发出声音。

注意：被检测电路必须在切断电源状态下检查通断，因为任何负载信号都会使蜂鸣器发声，从而导致错误判断。

（10）红外遥控发射信号检测

将转换开关置于挡，将红外遥控发射器的发射头垂直对准电源开关下方的红外接收器

，偏差不要大于±15°。按下遥控发射按钮，如红色发光管同时闪亮，表示该发射器工作正常。在一定距离内（1～30cm）移动发射器，可以判别发射器输出功率的状态。

（11）相线识别

1）将黑表笔插入 COM 插孔，红表笔插入 V/Ω 插孔。

2）将转换开关置于挡。

一只手拿着黑表笔绝缘部分，不要接入被测电路；当另一只手将红表笔连接相线时，仪表显示“▲，”红表笔连接中性线或地线时，仪表不显示“▲”。

注意：当电路中没接地线或存在严重漏电时，接中性线时可能也显示“▲”。

（12）数据保持

当按下“DH”键时，显示数据会被锁住，仪表显示“DH”；释放“DH”键时，仪表正常测量。特别提醒：相线识别符号“▲”不能被保持。

现在，数字式测量仪表已成为主流，有取代模拟式仪表的趋势。与模拟式仪表相比，数字式仪表灵敏度高，准确度高，显示清晰，过载能力强，便于携带，使用更简单。

任务实施

一、看一看，记一记

参考数字万用表说明书，了解其面板及基本功能。

二、测一测，填一填

1）尝试测试实验台上各直流、交流电压，填写表2-1。

表2-1　直流、交流电压测试

直流电压		交流电压	
标称值	实测值	标称值	实测值

2）测量给定元器件，并填写表2-2。

表2-2　元器件测量

名称	测量	R_1	R_2	R_3
电阻	$R\times1k$			
	$R\times100$			
	$R\times10$			
二极管	二极管型号	1N4007	RL155	1N5408
	正向电阻			
	反向电阻			
晶体管	晶体管型号	9012	9013	8550
	b、e间电阻			
	b、c间电阻			
	c、e间电阻			
电容	电容型号	47μF	330μF	1000PF
	正向电阻			
	反向电阻			

任务评价（见表2-3）

表2-3　评价表

班　级	姓　名		日期	同　组　人	工　时	得　分
序　号	考核项目		配分	评分标准	扣　分	备　注
1	测量准备		20	万用表测量挡位选择不正确，扣2分		
2	测量过程		40	测量过程中，操作步骤每错一次扣2分		
3	测量结果		20	测量结果有较大误差或错误，扣2~3分		
4	安全文明生产		20	1. 违反安全文明生产考核要求，每一项扣2分 2. 有重大人身事故隐患时，要立即予以制止，并扣2~10分		
得分		收获与体会				

课后作业

1）上网查找指针式万用表的使用。

2）数字式万用表有哪些功能？如何使用？

任务2　钳形电流表的使用

任务描述

1）了解钳形电流表的工作原理及使用方法。

2）掌握钳形电流表的使用方法。

任务准备

一、钳形电流表简介

通常用普通电流表测量电流时，需要将电路切断后才能将电流表接入进行测量，这样比较麻烦，有时正常运行的电动机也不允许这样做。此时，若使用钳形电流表，则可在不停电的情况下测量交流电流，即无需断开电源和电路即可直线测量运行中电气设备的工作电流，给生产带来了极大的方便。常用的是互感器式钳形电流表，它由电磁式电流表和穿心式电流互感器组成。各种类型的钳形电流表如图 2-13 所示。

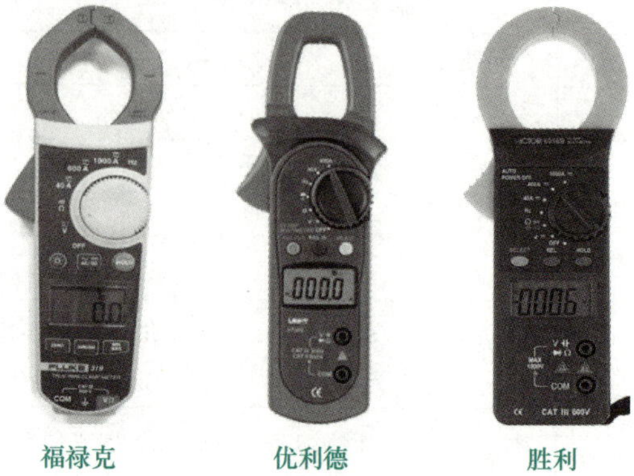

图 2-13　各种类型的钳形电流表

钳形电流表的面板结构如图 2-14 所示。

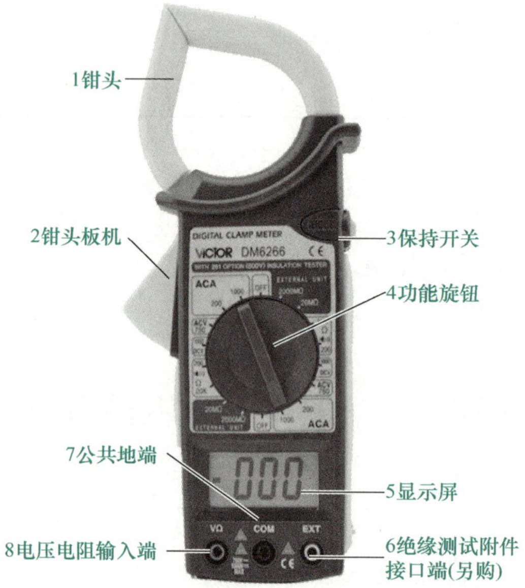

图 2-14　钳形电流表

1. 功能旋钮

钳形电流表的功能旋钮位于操作面板的中心位置，在其四周有功能及量程刻度盘，包括电压、电流、电阻等，如图 2-15 所示。

测量时，只需要调整功能旋钮，使其指示到相应的挡位及量程刻度，即可进行相应的测量，并将结果在液晶屏上显示。

2. 液晶显示屏

液晶显示屏用来显示测量的最终数值。

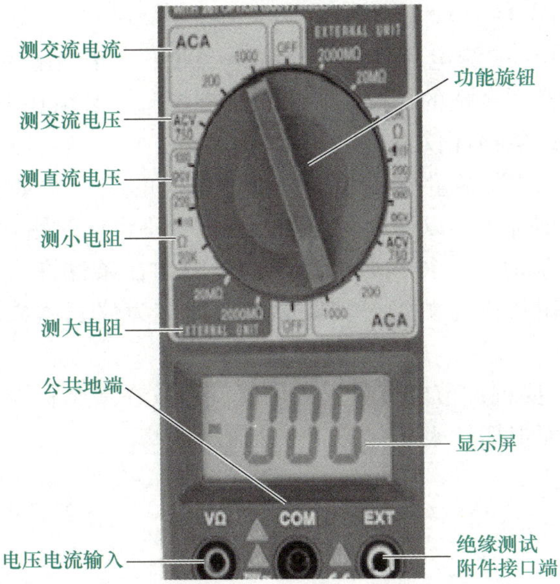

图 2-15 功能图

3. 表笔插孔

钳形电流表的操作面板下方主要有 3 个插孔，用来与表笔进行连接，且每个插孔都用文字或符号进行标识，与万用表相似。

4. 保持开关

按下此键，仪表当前所测数值就会保持在液晶屏上。

二、钳形电流表的使用方法

1. 使用前的准备工作

（1）选择钳形电流表

根据测量对象的不同，正确选择不同型号的钳形电流表。

（2）检查仪表的好坏

重点检查钳口上的绝缘材料（橡胶或塑料）有无脱落、破裂等现象，这些都直接关系着测量安全并涉及仪表的性能问题；对于数字式钳形电流表，还需检查表内电池的电量是否充足，不足时必须及时更换。对于多功能钳形电流表，还应检查测试线和表笔有无损坏，要求导电良好、绝缘完好。

注意： 对于指针式钳形电流表，还要检查零点是否正确，若表针不在零点，可通过调节机构调准。

（3）选择功能及量程

通过钳形电流表的功能旋钮可选择不同量程，在选量程时要选择稍大于被测量值的量程，若不知道被测量值的大小，可依据先选大、后选小或看铭牌值估算的原则；再进行电压、电流、电阻等的测量。

2. 正确使用钳形电流表

1）测量时，应先估计被测电流大小，选择适当量程。若无法估计，可先选较大量程，然后逐挡减少，直至转换到合适的挡位。转换量程挡位时，必须在不带电的情况下或者在钳口张开的情况下进行，以免损坏仪表。

2）测量时，被测导线应尽量放在钳口中部，钳口的结合面如有杂声，应重新开合一次，仍有杂声，应处理结合面，以使读数准确。另外，不可同时钳住两根导线。

3）测量小于5A电流时，为得到较为准确的读数，在条件许可的情况下，可将导线向同一方向多绕几圈放进钳口进行测量，其实际电流值应为仪表读数除以放进钳口内导线的根数。

4）每次测量前后，要把调节电流量程的功能旋钮放在最高挡位，以免下次使用时因未经选择量程就进行测量而损坏仪表。

任务实施

一、看一看，记一记

参考钳形电流表说明书，了解面板及基本功能。

二、测一测，填一填

用钳形电流表分别测量三相电动机和电源变压器一次电流，将电流测量数据填入表2-4中。

表2-4　电流测量实训报告

测量电动机星形联结	U相	V相	W相
读数值/A			
量程			
测量电动机三角形联结	U相	V相	W相
读数值/A			
量程			
测量变压器	初级		
读数值/A			
量程			

任务评价（见表2-5）

表2-5　评价表

班　级	姓　名	日期	同　组　人	工　时	得　分
序　号	考核项目	配分	评分标准	扣　分	备　注
1	测量准备	20	钳形电流表测量挡位选择不正确，扣2分		

（续）

序号	考核项目		配分	评分标准	扣分	备注
2	测量过程		40	测量过程中，操作步骤每错一次扣2分		
3	测量结果		20	测量结果有较大误差或错误，扣2~3分		
4	安全文明生产		20	1. 违反安全文明生产考核要求，每一项扣2分 2. 有重大人身事故隐患时，要立即予以制止，并扣2~10分		
得分		收获与体会				

课后作业

1）用钳形电流表测电流时，需注意哪些事项？

2）用钳形电流表测量5只不同阻值电阻。

任务3　绝缘电阻表的使用

任务描述

1）了解绝缘电阻表的工作原理及使用方法。

2）掌握绝缘电阻表的使用方法。

任务准备

绝缘电阻表俗称摇表，是电工操作中常用的一种测量高阻值电阻的仪表。绝缘电阻表主要用来检查电气设备、家用电器或电气线路对地及相间的绝缘电阻，以保证这些设备、电器和电路工作在正常状态，避免发生触电伤亡及设备损坏等事故。它的表盘刻度是以兆欧（MΩ）为计量单位的，故也称为兆欧表，如图2-16所示。

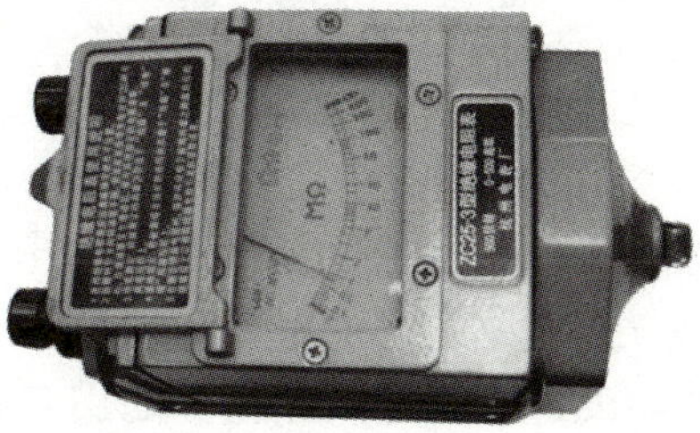

图2-16　兆欧表

一、绝缘电阻表

绝缘电阻表主要由三部分组成：一个手摇直流发电机、表头和三个接线柱（即 L：线路接线柱，E：接地接线柱，G：保护环接线柱）。

绝缘电阻表面板结构图，如图 2-17 所示。

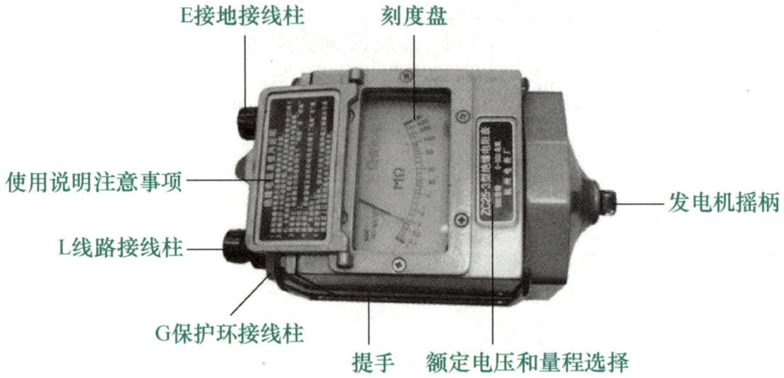

图 2-17　绝缘电阻表面板结构图

二、绝缘电阻表的使用方法

1. 使用前的准备工作

1）绝缘电阻表使用前要进行检查，将绝缘电阻表水平放置。L 和 E 接线柱的输出线短接，慢慢摇动手柄，指针应迅速指向零位，停止摇动手柄，断开 L 和 E 输出线，再摇动绝缘电阻表手柄，指针应慢慢指向 ∞处，则说明绝缘电阻表是良好的，如图 2-18 所示。

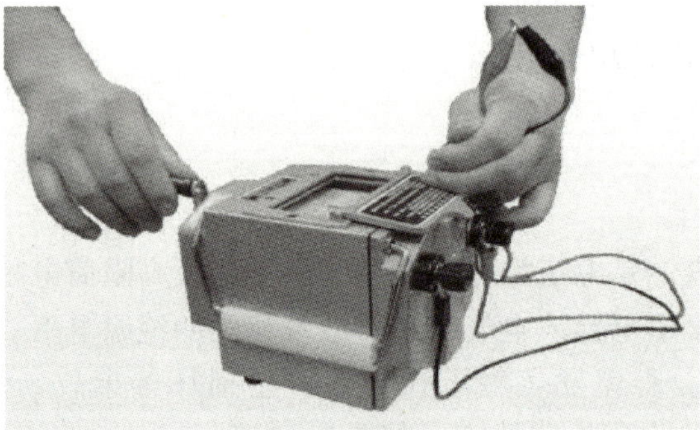

图 2-18　短路试验

2）测量前，应先切断被测电路或设备的电源，并进行充分放电（约需 2～3 min），以保证设备及人身安全。

3）测量前，应将与被测电路或设备相连的所有仪表或其他设备撤出电路（如电压表、功率表、电能表及电压互感器等），以免这些仪表及其他设备的电阻影响测量结果。

4）绝缘电阻表接线柱与被测设备间的连接导线不能用双股绝缘线或绞线，应用单股线分开单独连接，避免因绞线的绝缘不良而引起测量误差。

2. 绝缘电阻表的使用方法

1）绝缘电阻表必须水平放置于平稳牢固的地方，以免在摇动时因抖动和倾斜产生测量误差。

2）线路间绝缘电阻的测量。测量前，选择好绝缘电阻表的电压及其测量范围，并应将线路停电，被测线路分别接在线路“L”端钮上和地线“E”端钮上，打开电源开关，按下测试按钮，待读数稳定后读出阻值。

3）线路对地间绝缘电阻的测量。测量前，选择好绝缘电阻表的电压及其测量范围，将被测线路停电，将被测线路接于绝缘电阻表的“L”端钮上，绝缘电阻表的“E”端钮与地线相连接，测量方法同上。

4）电动机定子绕组与机壳间绝缘电阻的测量。在电动机脱离电源后，将电动机的定子绕组接在绝缘电阻表的“L”端钮上，机壳与绝缘电阻表的“E”端钮相连，测量方法同上。

5）电缆缆心对缆壳间的绝缘电阻的测量。在电缆断电后，将电缆的缆心与绝缘电阻表的“L”端钮连接，缆壳与绝缘电阻表的“E”端钮连接，将缆心与缆壳之间的内层绝缘物接于绝缘电阻表的“G”屏蔽钮上，以消除因表面漏电而引起的测量误差。

6）正确选择绝缘电阻表的电压及其测量范围。测量低压电气设备绝缘电阻时，可选用0～200 MΩ 量程的仪表；测量高压电气设备或电缆时，可选用0～2000MΩ 量程的仪表。

7）绝缘电阻表摇动手柄未停止之前，切勿用手触及设备的测量部分或绝缘电阻表的接线柱。拆线时也不可直接触及引线的裸露部分。

任务实施

一、看一看，记一记

参考绝缘电阻表说明书，了解其面板及基本功能。

二、测一测，填一填

使用绝缘电阻表分别测量三相电动机和电源变压器的绝缘电阻，将绝缘电阻测量数据填入表2-6中。

表2-6 绝缘电阻测量实训报告

测量电动机	U对V	U对W	V对W	U对外壳	V对外壳	W对外壳
读数值/MΩ						

测量变压器	一次侧对二次侧a	一次侧对二次侧b	一次侧对铁心	二次侧a对铁心	二次侧b对铁心
读数值/MΩ					

任务评价（见表2-7）

表 2-7　评价表

班　级	姓　名		日期	同 组 人	工　时	得　分
序　号	考 核 项 目		配分	评 分 标 准	扣　分	备　注
1	测量准备		20	绝缘电阻表测量挡位选择不正确，扣 2 分		
2	测量过程		40	测量过程中，操作步骤每错一次扣 2 分		
3	测量结果		20	测量结果有较大误差或错误，扣 2～3 分		
4	安全文明生产		20	1. 违反安全文明生产考核要求，每一项扣 2 分 2. 有重大人身事故隐患时，要立即予以制止，并扣 2～10 分		
得分		收获与体会				

课后作业

1）使用绝缘电阻表需要注意哪些事项？

2）用绝缘电阻表测量绝缘电阻时，每分钟需要摇多少圈？需要摇多少时间？

项目小结

本项目主要学习万用表、钳形电流表以及绝缘电阻表的结构、工作原理和使用方法。任务一主要了解指针式和数字式万用表的结构、功能及测试方法。通过指针式和数字式万用表对元器件的检测练习，学会万用表的正确使用。任务二主要学习钳形电流表的结构和使用方法。通过用钳形电流表测量三相电动机和电源变压器一次电流，学会钳形电流表的使用。任务三主要学习绝缘电阻表的结构和使用方法。通过用绝缘电阻表测量三相电动机和电源变压器的绝缘电阻，学会绝缘电阻表的使用。

习　题

一、填空题

1. 在使用钳形电流表测量完毕，要将功能旋钮放在________量程处。
2. 国际电气符号“AC”代表：________。
3. 绝缘电阻表必须水平放置于________的地方，以免在摇动时因抖动和倾斜产生测量误差。

4. 用指针式万用表测量电阻时，应先进行________调零，使指针在电阻标尺右端的零位上，这样测量读数才准确。

5. 钳形电流表主要能在________的情况下测量交流电流，常用的是________钳形电流表，由________和________组成。

6. 钳形电流表的钳口闭合紧密时不能________换量程。

7. 数字式万用表测量电阻时，应将两表笔分别接________的两端即可。在测试时若显示屏显示溢出符号“1”，表明量程选的不合适，应改换更________的量程进行测量；若显示值为________，表明被测电阻已经短路；在量程选择合适的情况下，若显示值为“1”，表明被测电阻器的阻值为________。

8. 用数字式万用表测量电阻时，应将红表笔插入________插孔，黑表笔插入________插孔。将转换开关置于________的范围内，并选择所需的量程位置。

9. 当被测电流过小时，为了得到较准确的读数，在条件允许的情况下，可将被测导线________进行测量。此时，钳形电流表读数除以钳口内导线的根数，即为________。

10. 测量前先将绝缘电阻表进行一次________和________试验，检查绝缘电阻表是否正常。

二、选择题

1. 测量28V的直流电压，用（　　）挡测量较适合。

A. 直流10V挡　　B. 交流250V挡　　C. 直流250V挡　　D. 直流50V挡

2. 指针式万用表使用完毕，转换开关应打在（　　）挡位上，有利于表的保护。

A. $R\times10$k　　B. 交流1000V　　C. 直流500V　　D. 交流500V

3. 测量未知的被测电流时，钳形电流表钳口应缓慢闭合，在闭合钳口过程中发现指针已达满偏值，此时正确的操作为（　　）。

A. 迅速关闭钳口

B. 继续缓慢闭合钳口

C. 张大钳口，取出钳形电流表，换大量程钳形电流表

D. 张大钳口，取出钳形电流表，不换量程继续测

4. 测量0.5A的载流导线，选择5A的挡位，被测导线绕（　　）圈的测量值较准确。

A. 2　　B. 6　　C. 12　　D. 4

5. 钳形电流表测量完毕一定要把仪表的功能旋钮置于（　　）位置上，以防下次使用时因疏忽大意未选择量程就进行测量，造成损坏仪表的意外事故。

A. 最大量程　　B. 最小量程　　C. 中间量程　　D. 任意量程

6. 甲、乙两同学使用万用表欧姆挡测同一个电阻时，他们都把转换开关旋到“×100”挡，并能正确操作。他们发现指针偏角太小，于是甲就把开关旋到“×1k”挡，乙把转换开关旋到“×10”挡，但乙重新调零，而甲没有重新调零，则以下说法正确的是（　　）。

A. 甲选挡错误，而操作正确　　B. 乙选挡正确，而操作错误

C. 甲选挡错误，操作也错误　　D. 乙选挡错误，而操作正确

7. 选择合适的量程挡位，如果不能确定被测量的电流时，应该选择（　　）去测量。

A. 任意量程　　B. 小量程　　C. 大量程　　D. 中间量程

8. 被测线路的电流要（　　）钳形电流表的量程。

A. 低于　B. 高于　C. 大于　D. 等于

9. 在使用万用表时，必须（　　），以免造成误差。同时，还要注意避免外界磁场对万用表的影响。

A. 水平放置　B. 垂直放置　C. 则斜放置　D. 任意放置

10. 选择合适的量程，应（　　），（　　）量程或看铭牌值估算。

A. 先选大，后选小　B. 先选小，后选大

C. 任意都可以　D. 先选大，后选大

11. 万用表（　　）带电测量电阻，如果测量电容的时，应该放电后再进行测量。

A. 能　B. 不能　C. A 和 B　D. 没有关系

12. 若测量一电阻器，量程转换开关置于“20k”处，显示器上显示“12.54”，则所测电阻的阻值为（　　）。

A. 12MΩ　B. 13kΩ　C. 12.54kΩ　D. 12.54Ω

13. 如果收音机不能正常工作，需要判断干电池是否已经报废，可取出一节干电池用万用表来测量它的电动势，下列步骤中正确的是（　　）。

① 把万用表的转换开关置于交流 500V 挡置于 OFF 挡

② 把万用表的红表笔和干电池的负极接触，黑表笔与正极接触

③ 把万用表的红表笔和电池的正极接触，黑表笔与负极接触

④ 在表盘上读出电压值

⑤ 把万用表的转换开关置于直流 25V 挡

⑥ 把万用表的转换开关置于直流 5V 挡

A. ⑤③④①　B. ②⑤①④　C. ⑥②④①　D. ⑥③④①

14. 欧姆调零后，用“×10”挡测量一个电阻的阻值，发现表针偏转角度极小，正确的判断和做法是（　　）。

A. 这个电阻值很小

B. 为了把电阻测得更准一些，应换用“×1”挡，重新欧姆调零后进行测量

C. 这个电阻值很大

D. 为了把电阻测得更准一些，应换用“×100”挡，重新欧姆调零后进行测量

三、判断题

1. 电路板上电阻有小电流流过时，可以用万用表电阻挡测量该电阻的阻值。（　　）

2. 用万用表测量电阻时，指针越靠近欧姆中心值，测量读数越准确。（　　）

3. 用指针式万用表测量电阻时，流过被测电阻的电流方向是由红表笔指向黑表笔。（　　）

4. 用 MF47 型指针式万用表测量电池电压时，误将交流电压挡当成直流电压挡，红表笔触正极、黑表笔触负极，表指针是不会摆动的。（　　）

5. 用钳形电流表测量未知电流时，应先用较大量程挡测量，然后根据被测量电流的大小再逐步换成合适的量程。（　　）

6. 钳形电流表的优点是不需要切断电路的电流即可测量。（　　）

7. 用钳形电流表测量时，被测载流导线置于钳口中央部位，可以减少测量误差。（　　）

8. 测量过程中，发现选择量程不适当，可以钳住被测载流导线，进行转换挡位。（　　）

9. 使用指针式钳形电流表不需要进行机械调零，使指针调置零位。（　　）

10. 用绝缘电阻表时，在测量前要先检查是否完好，即在绝缘电阻表未接上被测物之前，摇动手柄使发电机达到额定转速，观察指针是否在标尺“∞”位，将接线柱“线 L”和“地 E”短接，缓慢摇动手柄，观察指针是否指在标尺“0”位，如不符合要求应对其检修后再用。(　　)

四、简答题

1. 万用表、绝缘电阻表和钳形电流表的用途是什么?

2. 测量电阻时，如何正确选择电阻的倍率?应从哪一条刻度线读取数值?被测电阻大小如何确定?

3. 怎样用绝缘电阻表测量绝缘电阻?

4. 简述用数字式万用表测量电流的步骤。

课堂拓展

带电作业触电事故案例

一、事故经过

2017 年 11 月 13 日，王某发现单位会议室有两个荧光灯不亮，于是开始进行修理。他拉过桌子站上去，准备拆卸荧光灯并检查哪里出了问题，在拆卸荧光灯过程中，用手拿荧光灯架时不小心接触到带电相线，被电击后站立不稳，从桌子上摔了下来。

二、事故原因分析

1. 王某安全意识淡薄，维修电器时没有采取必要的防范措施，没有使用任何工具便带电作业，是造成事故的直接原因；

2. 王某独自操作，没有人监护，是事件发生的间接原因。

三、事故责任划分

1. 王某安全意识淡薄，在没有维修工具且带电的情况下维修荧光灯，对事故负主要责任；

2. 会议室内荧光灯损坏，单位领导没有及时发现并联系服务公司维修，对事故负领导责任。

四、事故防范措施

1. 加强对安全知识的学习，提高安全意识；

2. 操作、维护电气线路及设备时，要严格执行停送电制度；

3. 正确使用防护用品、工具，不独立作业，要做到“一人监护、一人作业”。

项目3

常用低压电器元件及三相异步电动机的识别与检测

项目目标

1）了解低压电器的分类形式。

2）熟悉常用低压配电电器、低压控制电器的外形与主要用途。会用万用表检测常用电子元器件，判断其质量好坏。

3）会正确选用低压配电电器。

4）掌握低压控制电器的选用与检修方法。

项目描述

常用低压电器元件的识别与检测是电气设备组装与安装过程中一个极其重要的环节，是电工维修人员必备的一项技能。

本项目主要介绍常用的低压电器如低压断路器、熔断器、交流接触器、热继电器、行程开关、按钮以及三相异步电动机的识别与检测。通过学习实践，初步了解常用低压电器元件的识别与检测，为电气设备安装打下良好基础。

任务1　低压电器基本知识

任务描述

通过本任务的学习和实践操作，完成下列任务要求：

1）理解低压电器的定义。

2）了解常用的低压电器分类及其作用。

任务准备

一、低压电器

凡是对电能的生产、输送、分配和应用起到切换、控制、调节、检测以及保护等作用的电工器械，均称为电器。低压电器通常是指在交流1200V及以下、直流1500V及以下的电路中使用的电器。机床电气控制电路中使用的电器多数属于低压电器。

二、电器分类及用途（见表3-1）

表3-1　电器分类及用途

分类形式	名称	用　途
按工作电压等级分	高压电器	用于交流电压1200V、直流电压1500V以上的电路
	低压电器	用于交流电压1200V、直流电压1500V及以下的电路
按用途分	配电电器	用于供配电系统中实现对电能的输送、分配和保护，主要有刀开关、组合开关、熔断器及断路器等
	控制电器	用于生产设备自动控制系统中进行控制、检测和保护，主要有接触器、继电器及主令电器等
按动作方式分	自动电器	依靠本身参数的变化或外来指令信号的作用自动完成接通或分断等动作，如接触器、继电器等
	非自动电器	主要依靠人力直接操作进行切换，如按钮、刀开关等
按有无触点（执行功能）分	有触点电器	有可分离的动触点和静触点，利用触点的接触和分离来实现电路的通断控制，如接触器、继电器等
	无触点电器	没有可分离的触点，主要利用半导体元器件的开关效应实现电路的通断控制，如接近开关、光电开关等
按工作环境分	一般用途电器	一般环境和工作条件下使用的电器
	特殊用途电器	特殊环境和工作条件下使用的电器

任务实施

一、认一认

给出各种高低压电器，进行识读，要求读取以下内容：

1）哪些电器属于低压电器？

2）认识各电器名称。

二、说一说

说出各电器的用途。

任务评价（见表3-2）

表 3-2　评价表

班　级	姓　名		日期	同 组 人	工　时	得　分
序　号	考核项目		配分	评分标准	扣　分	备　注
1	简述各电器分类		40	简述有误酌情扣分		
2	简述各电器用途		40	简述有误酌情扣分		
3	安全文明生产		20	1. 违反安全文明生产考核要求的任何一项，扣2分 2. 有重大人身事故隐患时，要立即予以制止，扣2～10分		
得分		收获与体会				

课后作业

1）认识身边低压电器并记录有关信息。

2）简述低压电器的分类及用途。

任务2　开关电器的识别与检测

任务描述

通过本任务的学习和实践操作，识别刀开关的型号、接线柱，并能检测开关的好坏。

提供器材：开启式负荷开关、组合开关、万用表及螺钉旋具。

完成下列任务：

1）刀开关的符号和型号的识别。

2）刀开关的主要技术参数。

3）刀开关的选用。

4）刀开关的识别与检测。

任务准备

刀开关又称闸刀开关或隔离开关，它是手控电器中最简单而使用又十分广泛的一种低压电器。刀开关的主要作用：隔离电源，以确保电路和设备维修的安全；分断负载，如不频繁地接通和分断容量不大的低压电路或直接起动小容量电机。

一、刀开关的型号和符号

刀开关的型号如图 3-1 所示。

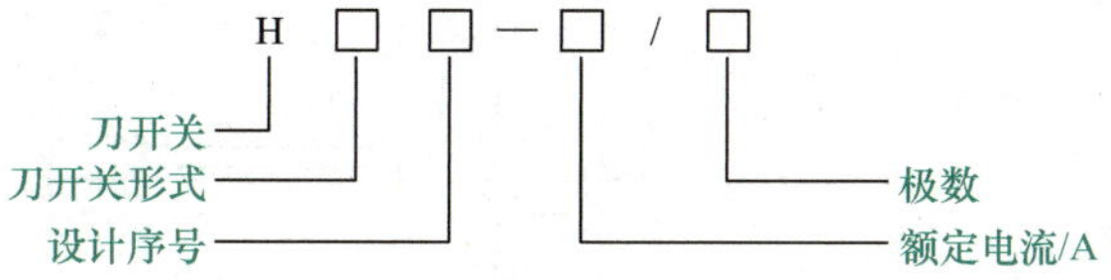

图 3-1 刀开关型号规格

其中：H 表示刀开关：HD—单投刀开关；HS—双投刀开关。

刀开关形式：11—中央手柄式；12—侧方正面杠杆操作机械式；13—中央杠杆操作机构式；14—侧面手柄式。

设计序号：用数字表示。

额定电流/A。

极数："1" 表示单极，"2" 表示二极，"3" 表示三极。

刀开关的电路符号如图 3-2 所示。

图 3-2a 为一般图形符号，图 3-2b 为手动符号，图 3-2c 为三极单投刀开关符号；当刀开关用作隔离开关时，其图形符号上加有一横杠，如图 3-2d、e、f 所示。

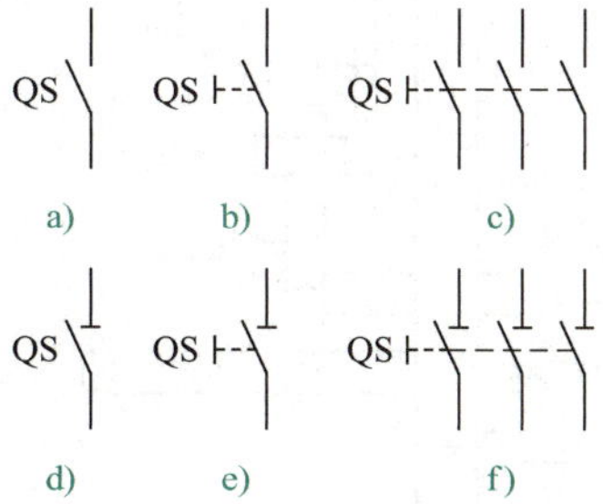

图 3-2　刀开关的电路符号

a）一般图形符号　b）手动符号　c）三极单投刀开关符号　d）一般隔离开关符号　e）手动隔离开关符号　f）三极单投隔离开关符号

二、刀开关的种类

按触刀的极数可分为单极、双极和三极；按触刀的转换方向可分为单投（HD）和双投（HS）；按操作方式可分为直接手柄操作式和远距离连杆操纵式；按灭弧情况可分为有灭弧罩和无灭弧罩。

注：带有杠杆操作机构的刀开关，用于切断不大于额定电流的负荷，均装有灭弧罩，以保证在分断电流时的安全可靠性。隔离刀开关的操作机构具有明显的分合指示和可靠的定位装置。

1. HD 型单投刀开关

HD 型单投刀开关按极数分为单极、双极、三极几种，其结构如图 3-3 所示。其中，图 3-3a为直接手柄操作式，图 3-3b 为远距离连杆操纵式。

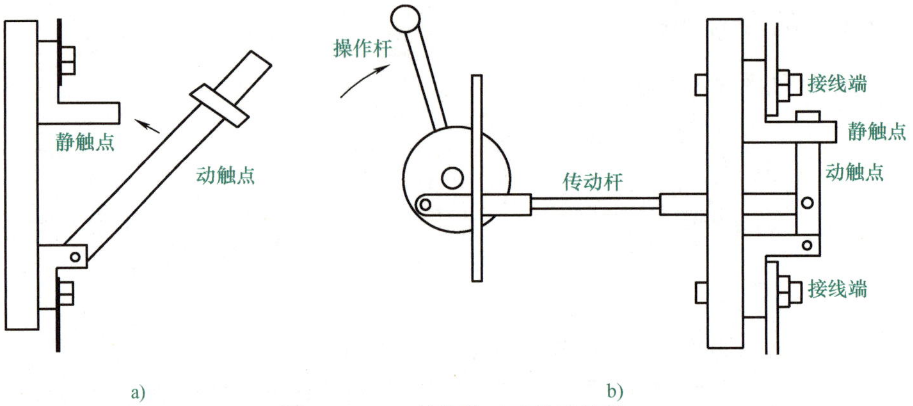

图 3-3　HD 型单投刀开关的结构

a）直接手柄操作式　b）远距离连杆操纵式

2. HS 型双投刀开关

HS 型双投刀开关也称为转换开关，其作用和单投刀开关类似，常用于双电源的切换或双供电线路的切换等，其结构及图形符号如图 3-4 所示。由于双投刀开关具有机械互锁的结构特点，因此可以防止双电源的并联运行和两条供电线路同时供电。

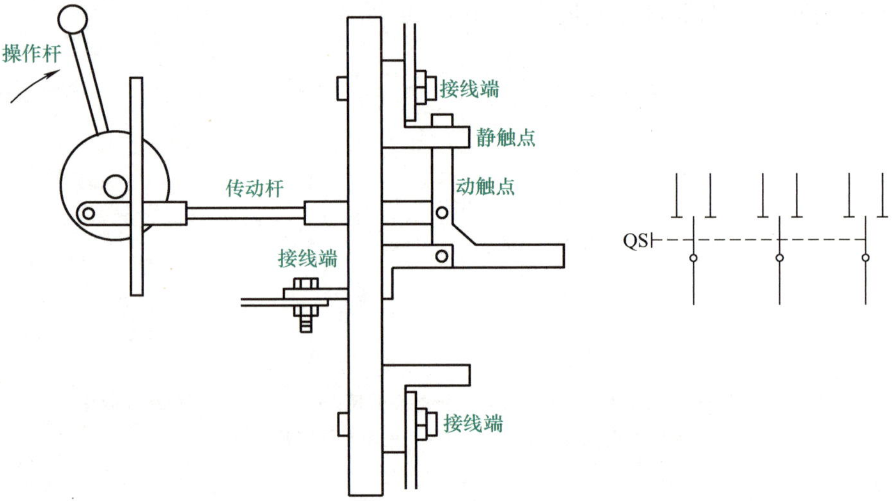

图 3-4　HS 型双投刀开关结构及图形符号

三、刀开关的主要技术参数（见表 3-3）

表 3-3　刀开关的主要技术参数

额定电流/A		100	200	400	600	1000	1500
通断能力/A（执行 5 次闭合与断开操作）	AC380V、$\cos\phi=0.72\sim0.8$	100	200	400	600	1000	1500
	DC $T=0.01\sim0.011$s　220V	100	200	400	600	1000	1500
机械寿命/次		10000	10000	10000	5000	5000	5000
电寿命/次		1000	1000	1000	500	500	500

（续）

I_s短时耐受电流/kA		6	10	20	25	30	40
动稳定电流峰值/kA	杠杆操作式	20	30	40	50	60	80
	手柄式	15	20	30	40	50	
操作力/N		≤300	≤300	≤300	≤300	≤400	≤400

四、刀开关的检测方法

1）外观检查动触刀和静触座接触是否歪斜，刀开关手柄转动是否灵活。

2）将万用表（欧姆 $R\times1$ 挡）表笔分别接进线端和出线端，合上手柄，$R=0$；断开手柄，$R=\infty$。以上有不合格者，应进行修复。

3）外壳有破损的要及时更换。

五、刀开关的拆卸和组装

1）工具：尖嘴钳、螺钉旋具、活扳手及镊子等。

2）仪表：万用表、绝缘电阻表。

3）拆装步骤。

① 卸下手柄紧固螺钉，取下手柄。

② 卸下支架上的紧固螺母，取下顶盖、转轴弹簧和凸轮等操作机构。

③ 抽出绝缘杆，取下绝缘垫板上盖。

④ 拆卸三对动、静触点。

⑤ 检查触点有无烧焦、损坏，视损坏程度的大小进行修理或更换。

⑥ 检查转轴弹簧是否松脱和消弧垫是否严重磨损，根据实际情况确定是否调换。

⑦ 将任一相的动触点旋转 90°，然后按拆卸的逆顺序进行装配。

⑧ 装配时，应注意动、静触点的相互位置是否符合改装要求及叠片连接是否紧密。

⑨ 装配结束时，先用万用表测量各对触点的通断情况。

4）注意事项

① 拆卸时，应备有盛放零件的容器，以防丢失零件。

② 拆卸过程中，不允许硬撬，以防损坏电器。

任务实施

一、认一认

给出不同外形的开关元件，进行识读，要求读取以下内容：

1）开关所属类别。

2）开关的名称型号。

3）识别开关的接线柱。

二、做一做

1）为开关安装合适的熔体。

2）检测开关的好坏。

任务评价（见表3-4）

表3-4　刀开关的识别与检测

班级		姓　名		同组人	
序号	考核项目	评分标准	配分	扣分	备注
1	识读型号	HD型单投刀开关和HS型双投刀开关的型号标注在胶盖上	20		
2	识别接线柱	进线座（上端）为进线端子，出线座（下端）为出线端子	20		
3	安装熔体	打开胶盖（大），安装合适的熔体	25		
4	检测开关好坏	将万用表置于$R\times1\Omega$挡，欧姆调零后，将两表笔分别搭接在刀开关的进、出线端子上，合上开关，若阻值为0，刀开关正常；阻值为∞，刀开关已断路，应检查熔体连接是否可靠等	35		
得分		收获与体会			

课后作业

参照刀开关的识别与检测，完成组合开关的相关内容，见表3-5。

表3-5　组合开关的识别和检测

序号	任　务	操作要点
1	识读型号	组合开关的型号标注手柄下方的胶盖表面
2	识别接线柱	上接线柱为进线端子，下接线柱为出线端子
3	检测组合开关的好坏	将万用表置于$R\times1\Omega$挡，欧姆调零后，将两表笔分别搭接在组合开关的进、出线端子上，手柄转在“0”位置时，阻值为∞，组合开关断开；手柄转在“1”位置时，阻值为0

任务3　主令电器的识别与检测

任务描述

通过本任务的学习和实践操作，知道主令电器的定义，学会识别按钮的型号、接线柱以及检测按钮与行程开关的好坏。

提供器材：按钮、行程开关、万用表、螺钉旋具。

完成下列任务：

1）按钮与行程开关的符号和型号识别。

2）按钮与行程开关的结构。

3）按钮与行程开关的主要技术参数。

4）按钮与行程开关的选用。

5）按钮与行程开关的识别与检测。

任务准备

主令电器是用来接通和分断控制电路以发号施令的电器。常见的有按钮、行程开关、万能转换开关及主令控制器等。

一、按钮

按钮是一种手动操作接通或断开控制电路的主令电器，用于在控制电路中发布控制命令。

1. 按钮的符号和型号

按钮的型号含义如图3-5所示，外形与符号如图3-6和图3-7所示。

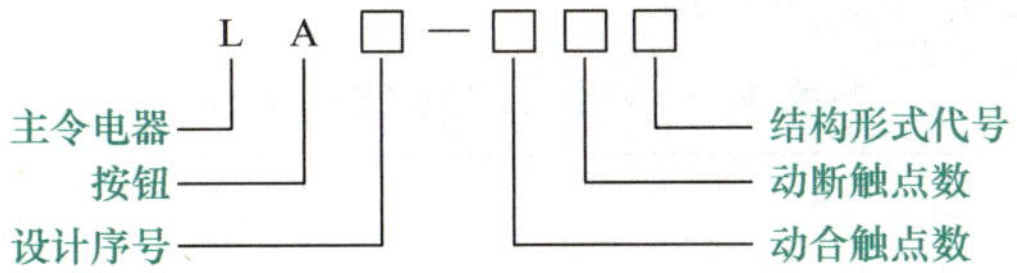

图3-5　按钮的型号含义

其中结构形式代号：

K—开启式，镶嵌在操作面板上；

H—保护式，带保护壳，可防止内部零件受机械损伤或人体偶然触及带电部分；

S—防水式，具有密封外壳，可防止雨水浸入；

F—防腐式，能防止腐蚀性气体进入；

J—紧急式，带有红色大蘑菇按钮（凸出在外），用来紧急切断电源；

X—旋钮式，用旋钮旋转进行操作，可防止误操作或供专人操作；

D—光标按钮，按钮内装有信号灯，兼做信号指示。

a)　　b)　　c)

图3-6　按钮外形

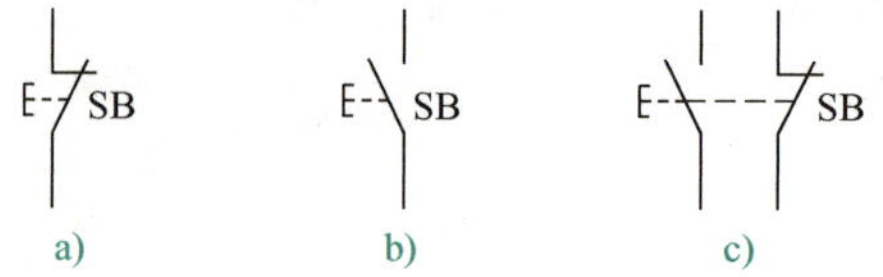

图 3-7　按钮符号

a）动断按钮　b）动合按钮　c）复合按钮

2. 按钮的结构

按钮的结构如图 3-8 所示。

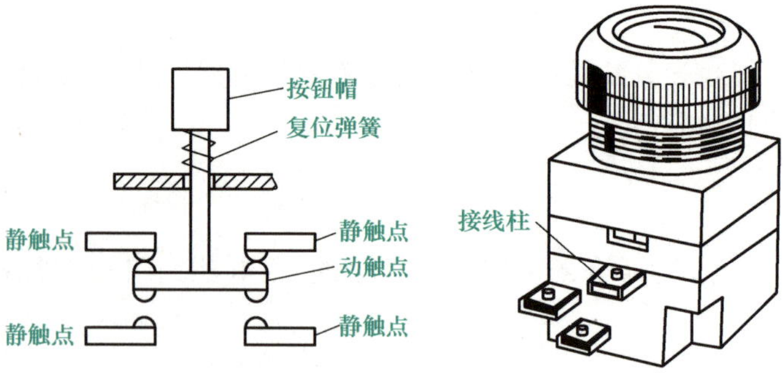

图 3-8　按钮的结构

3. 按钮的主要技术参数（见表 3-6）

表 3-6　按钮的主要技术参数

型号	额定电压/V	额定电流/A	结构形式	触点对数		按钮数	按钮颜色
				动合	动断		
LA2	交流 500 直流 400	5	元件	1	1	1	黑、绿、红
LA10－2K			开启式	2	2	2	黑红或绿红
LA10－3K			开启式	3	3	3	黑、绿、红
LA10－2H			保护式	2	2	2	黑红或绿红
LA10－3H			保护式	3	3	3	黑、绿、红
LA18－22J			元件（紧急式）	2	2	1	红
LA18－44J			元件（紧急式）	4	4	1	红
LA18－66J			元件（紧急式）	6	6	1	红
LA18－22Y			元件（钥匙式）	2	2	1	黑
LA18－44Y			元件（钥匙式）	4	4	1	黑
LA18－22X			元件（旋钮式）	2	2	1	黑
LA18－44X			元件（旋钮式）	4	4	1	黑
LA18－66X			元件（旋钮式）	6	6	1	黑
LA19－11J			元件（紧急式）	1	1	1	红
LA19－11D			元件（带指示灯）	1	1	1	红、绿、黄、蓝、白

二、行程开关

行程开关又称为限位开关或位置开关，是根据运动部件的位置而进行电路切换的自动控制电器。在电力拖动系统中，常常需要控制运动部件的行程，以改变电动机的工作状态，如机械运动部件移动到某一位置时，要求自动停止、反向运动或改变移动速度，从而实现行程控制或限位保护的目的，此时就需要使用行程开关。行程开关的结构、工作原理与按钮相同，其特点是不靠手动，而是利用生产机械某些运动部件的碰撞使触点动作，发出控制指令。行程开关主要应用于各类机床和起重机械控制电路中。

1. 行程开关的符号和型号

行程开关的种类很多，常用的行程开关有直动式、单轮滚动式和双轮滚动式。

行程开关的型号含义如图 3-9 所示，外形与符号如图 3-10 和图 3-11 所示。

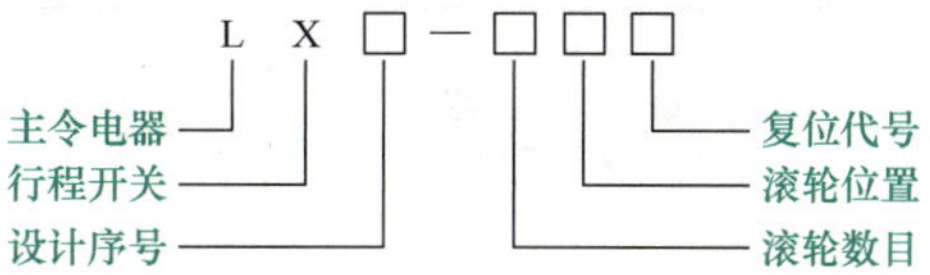

图 3-9　行程开关的型号含义

其中，复位代号：1—能自动复位；2—不能自动复位。

a)　　b)　　c)

图 3-10　行程开关的外形

a）直动式　b）单轮滚动式　c）双轮滚动式

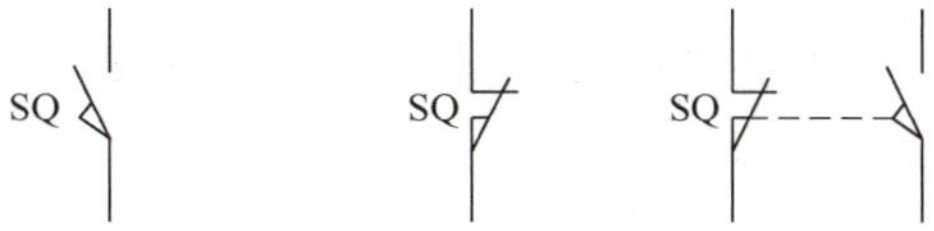

a)　　b)　　c)

图 3-11　行程开关的符号

a）动合触点　b）动断触点　c）复合触点

2. 行程开关的结构

行程开关的结构如图 3-12 所示。

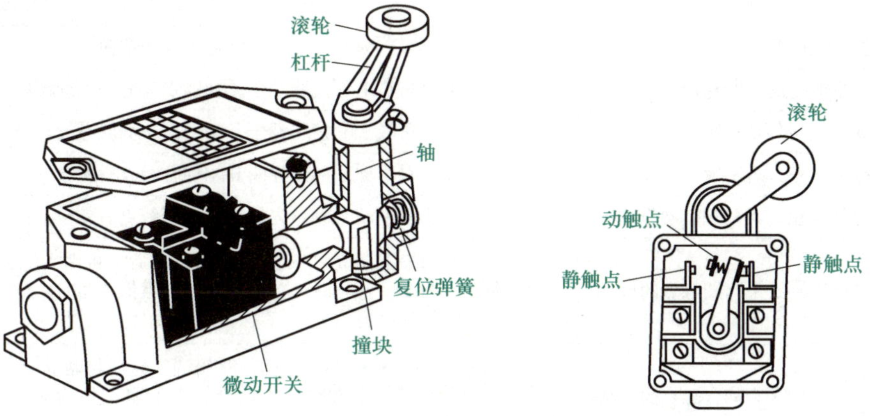

图 3-12　行程开关的结构

3. 行程开关的主要技术参数（见表 3-7）

表 3-7 行程开关的主要技术参数

型号	额定电压/V	额定电流/A	结构形式	触点对数		工作行程	超行程
				动合	动断		
LX19K			元件	1	1	3mm	1mm
LX19-111			内侧单轮，自动复位	1	1	0°～30°	0°～20°
LX19-121			外侧单轮，自动复位	1	1	0°～30°	0°～20°
LX19-131			内外侧单轮，自动复位	1	1	0°～30°	0°～20°
LX19-212			内侧双轮，不能自动复位	1	1	0°～30°	0°～20°
LX19-222	交流 380	5	外侧双轮，不能自动复位	1	1	0°～30°	0°～15°
LX19-232	直流 220		内外侧双轮，不能自动复位	1	1	0°～30°	0°～15°
JLXK1-111			单轮防护式	1	1	12°～15°	0°～15°
JLXK1-211			双轮防护式	1	1	0°～45°	30°
JLXK1-311			直动防护式	1	1	1～3mm	45°
JLXK1-411			直动滚轮防护式	1	1	1～3mm	2～4mm
							2～4mm

任务实施

一、认一认

1. 给出不同种类的按钮，由学生进行识别，指出分别是什么按钮，画出其符号，并读取型号和主要技术参数，了解按钮的结构。

2. 给出不同种类的行程开关，由学生进行识别，指出分别是什么行程开关，画出其符号，并读取型号和主要技术参数，了解行程开关的结构。

二、测一测（根据表格完成任务）

1. 按钮的识别与检测（见表 3-8）

表 3-8 按钮的识别与检测

序号	任务	操作要点
1	看按钮的颜色	绿色、黑色为起动按钮，红色为停止按钮
2	观察按钮的动断触点	找到对角线上的接线端子，动触点与静触点处于闭合状态
3	观察按钮的动合触点	找到对角线上的接线端子，动触点与静触点处于分断状态
4	按下按钮，观察触点动作情况	边按边看，动断触点先断开，动合触点后闭合
5	松开按钮，观察触点动作情况	边松边看，动合触点先复位，动断触点后复位
6	检测判别 3 个动断触点的好坏	将万用表置于 $R\times1\Omega$ 挡，欧姆调零后，将两表笔分别搭接在动断触点两端。常态时，各动断触点的阻值约为 0；按下按钮后，再测量阻值，阻值为∞
7	检测判别 3 个动合触点的好坏	将万用表置于 $R\times1\Omega$ 挡，欧姆调零后，将两表笔分别搭接在动合触点两端。常态时，各动合触点的阻值约为∞；按下按钮后，再测量阻值，阻值为 0

2. 行程开关的识别与检测（见表3-9）

表3-9　行程开关的识别与检测

序号	任　　务	操 作 要 点
1	识读行程开关的型号	行程开关的型号标注在面板盖上
2	观察行程开关的动断触点	拆下面板盖，桥式动触点与静触点处于闭合状态
3	观察行程开关的动合触点	拆下面板盖，桥式动触点与静触点处于分断状态
4	压下行程开关，观察触点动作情况	边压边看，动断触点先断开，动合触点后闭合
5	松开行程开关，观察触点动作情况	边松边看，动合触点先复位，动断触点后复位
6	检测动断触点的好坏	将万用表置于$R\times1\Omega$挡，欧姆调零后，将两表笔分别搭接在动断触点两端。常态时，各动断触点的阻值约为0；压下行程开关后，再测量阻值，阻值为∞
7	检测动合触点的好坏	将万用表置于$R\times1\Omega$挡，欧姆调零后，将两表笔分别搭接在动合触点两端。常态时，各动合触点的阻值约为∞；压下行程开关后，再测量阻值，阻值为0

任务评价（见表3-10）

表3-10　评价表

班　　级	姓　　名	日期	同　组　人	工　　时	得　　分
序　　号	考 核 项 目	配分	评 分 标 准	扣　　分	备　　注
1	识别按钮、行程开关	10	识别按钮和行程开关，并选择其中一项进行检测，识别错误不得分		
2	观察动合、动断触点	20	动合、动断触点各占10分，观察错误不得分		
3	观察触点动作	20	动合、动断触点动作情况各占15分，观察错误不得分		
4	检测动合、动断触点好坏	30	动合、动断触点的检测各占20分，检测错误不得分		
5	安全文明生产	20	1. 违反安全文明生产考核要求的任何一项，扣2分 2. 有重大人身事故隐患时，要立即予以制止，扣2～10分		
得分		收获与体会			

课后作业

1）查找生活中的按钮和行程开关。

2）思考数控机床上不同颜色的按钮所表示的不同含义。

任务4　熔断器的识别与检测

任务描述

通过本任务的学习和实践操作，识别熔断器的型号、接线柱，检测熔断器质量。

提供器材：熔断器、万用表、螺钉旋具。

完成下列任务：

1）熔断器的符号和型号识别。

2）熔断器的结构。

3）熔断器的主要技术参数。

4）熔断器的选用。

5）熔断器的检测。

任务准备

熔断器是指当电流超过规定值时，以本身产生的热量使熔体熔断，从而断开电路的一种电器。熔断器广泛应用于高低压配电系统和控制系统以及用电设备中，作为短路和过电流的保护器，是应用最普遍的保护器件之一。

一、熔断器的型号、符号和外形（见图3-13～图3-15）

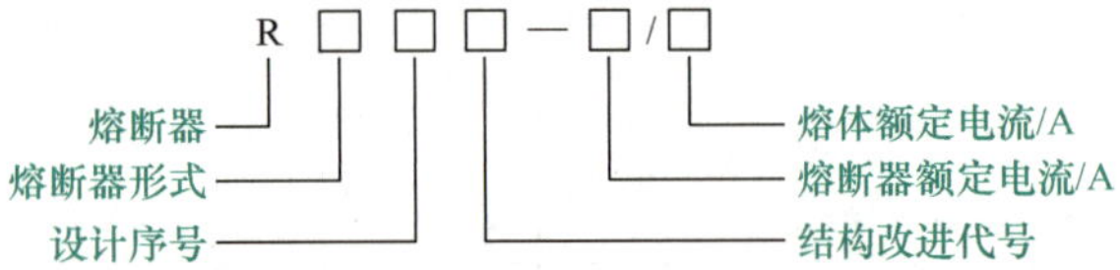

图3-13　熔断器的型号含义

其中，熔断器形式：C—瓷插式；L—螺旋式；

M—无填料封闭管式；T—有填料封闭管式。

图3-14　熔断器的图形符号

a)　　b)

图3-15　熔断器的外形

a）RC1A系列熔断器　b）RL系列熔断器

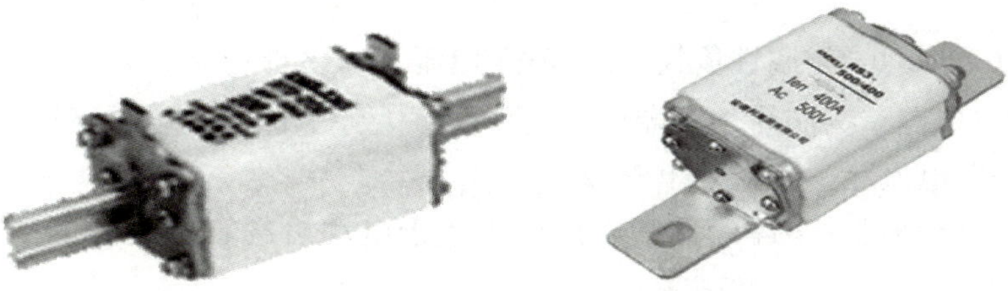

c)　　　　　　d)

图 3-15　熔断器的外形（续）

c）有填料封闭管式熔断器　d）快速熔断器

二、熔断器的结构

RL 系列熔断器的结构如图 3-16 所示。

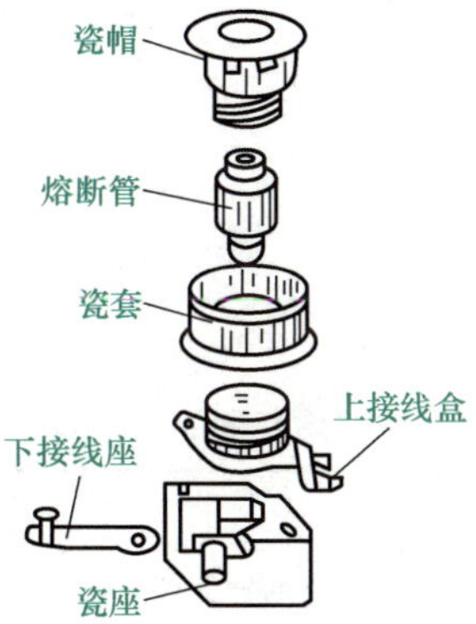

图 3-16　RL 系列熔断器的结构

三、熔断器的主要技术参数（见表 3-11）

表 3-11　熔断器的主要技术参数

类　别	型号	额定电压/V	额定电流/A	熔体额定电流等级/A
瓷插式熔断器	RC1A－5	交流 380 220	5	2、4、5
	RC1A－10		10	2、4、6、10
	RC1A－15		15	6、10、15
	RC1A－30		30	15、20、25、30
	RC1A－60		60	30、40、50、60
	RC1A－100		100	60、80、100
螺旋式熔断器	RL1－15	交流 500	15	2、4、5、6、10、15
	RL1－60		60	20、25、30、35、40、50、60
	RL1－100		100	60、80、100
	RL1－200		200	120、150、200

四、熔断器的选用

1）对于电炉和照明等电阻性负载，熔体额定电流 I_{RN} 不小于电路的工作电流 I_N，即 $I_{RN} \geqslant I_N$。

2）对于配电电路，为防止熔断器越级动作而扩大停电范围，后一级熔体的额定电流比前一级熔体的额定电流至少要大一个等级。

3）对于单台电动机，熔体的额定电流应不小于电动机额定电流 I_N 的 1.5～2.5 倍，即 $I_{RN} \geqslant (1.5 \sim 2.5) I_N$。

4）对于多台电动机，熔体的额定电流应不小于最大一台电动机额定电流 I_{Nmax} 的 1.5～2.5 倍，加上同时使用的其他电动机额定电流之和 ΣI_N，即 $I_{RN} \geqslant (1.5 \sim 2.5) I_{Nmax} + \Sigma I_N$。

五、熔断器的检测

1）观察法。观察内部熔丝是否熔断、发黑，两端封口是否松动，若有以上情况，表明熔断器已损坏。

2）万用表检测。万用表拨至电阻挡，两表笔接熔断器两端金属封口，测得阻值应为 0Ω，否则为损坏。

任务实施

根据表 3-12 内容识别与检测熔断器。

表 3-12　熔断器的识别与检测

序号	任　务	操作要点
1	识读熔断器的型号	熔断器的型号标注在瓷座的铭牌上或瓷帽上方
2	识别上、下接线柱	上接线柱（高端）为出线端子，下接线柱（低端）为进线端子
3	识别熔体好坏	从瓷帽玻璃往里看，熔体有色标表示熔体正常，无色标表示熔体已断路
4	识读熔体额定电流	熔体额定电流标注在熔体表面
5	检测熔断器的好坏	将万用表置于 $R \times 1\Omega$ 挡，调零后，将两表笔分别搭接在熔断器的上、下接线柱上，若阻值为 0，熔断器正常；若阻值为∞，熔断器已断路，应检查熔体是否断路或瓷帽是否旋好等

任务评价（见表 3-13）

表 3-13　评价表

班　级	姓　名	日期	同组人	工　时	得　分
序　号	考核项目	配分	评分标准	扣　分	备　注
1	识别熔断器的型号	10	识别错误不得分		

（续）

序　号	考核项目		配分	评分标准	扣　分	备　注
2	识别上、下接线柱		20	上下接线柱各占15分，每错一个扣5分		
3	识别熔体好坏		10	识别错误不得分		
4	识读熔体额定电流		20	识读错误不得分		
5	检测熔断器的好坏		20	按检测过程给分		
6	安全文明生产		20	1. 违反安全文明生产考核要求的任何一项，扣2分 2. 有重大人身事故隐患时，要立即予以制止，扣2～10分		
得分		收获与体会				

课后作业

反复练习熔断器的识别与检测。

任务5　低压断路器的识别与检测

任务描述

通过本任务的学习和实践操作，识别低压断路器的型号、接线柱，检测低压断路器质量。

提供器材：低压断路器、万用表、螺钉旋具。

完成下列任务：

1）低压断路器的符号和型号识别。

2）低压断路器的结构。

3）低压断路器的主要技术参数。

4）低压断路器的选用。

5）低压断路器的检测。

任务准备

低压断路器是一种不仅可以接通和分断正常负荷电流和过负荷电流，还可以接通和分断短路电流的开关电器。低压断路器在电路中除起控制作用外，还具有一定的保护功能，如过负荷、短路、欠电压和剩余电流保护等。

一、低压断路器的型号、符号和外形（见图 3-17 ~ 图 3-19）

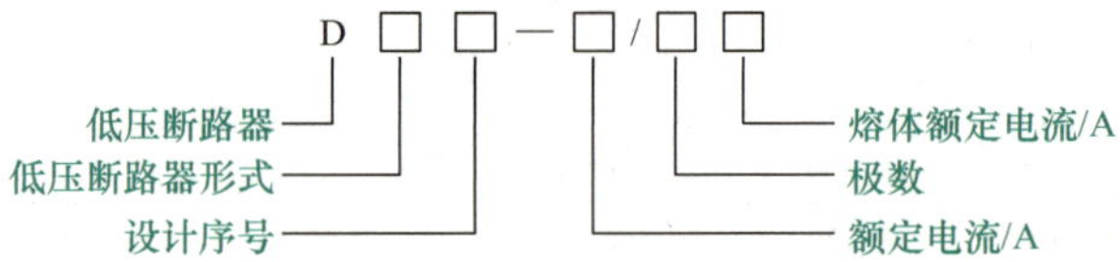

图 3-17　低压断路器型号含义

注：低压断路器形式，Z—装置式；W—万能式。

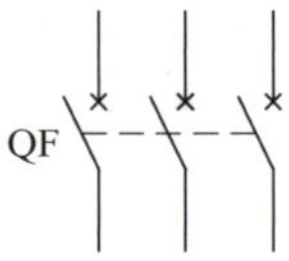

图 3-18　低压断路器符号

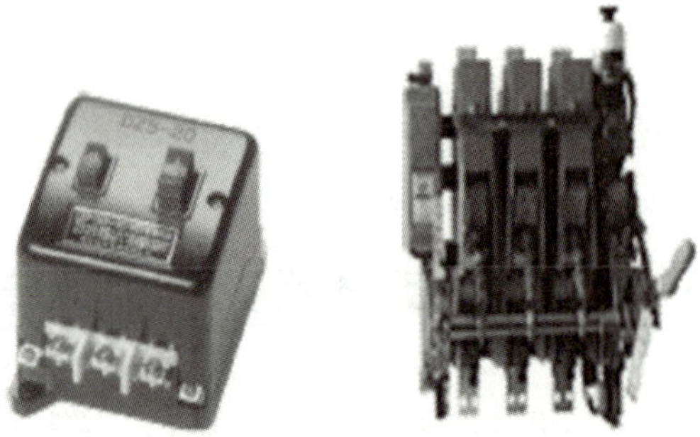

a）　　b）

图 3-19　低压断路器外形

a）塑壳式低压断路器（DZ 系列）　b）框架式低压断路器（DW 系列）

二、低压断路器的结构

塑壳式低压断路器的结构如图 3-20 所示。

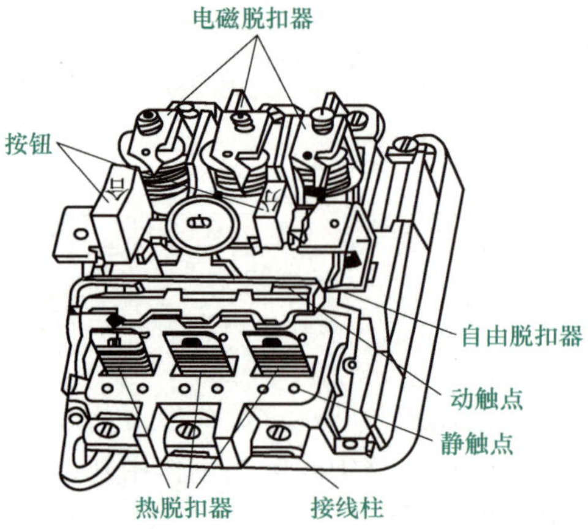

图 3-20　塑壳式低压断路器的结构

三、低压断路器的主要技术参数（见表3-14）

表3-14 低压断路器的主要技术参数

型号	额定电压/V	额定电流/A	极数	脱扣器类别	热脱扣器额定电流（括号内为整定电流调节范围）/A	电磁脱扣器瞬间动作整定电流/A
DZ5－20/200	交流 380	20	2	无脱扣器	—	—
DZ5－20/300			3			
DZ5－20/210			2	热脱扣器	0.15（0.10～0.15） 0.20（0.15～0.20）	为热脱扣器额定电流的8～12倍（出厂时整定在10倍）
DZ5－20/310			3			
DZ5－20/220	直流 220	20	2	电磁脱扣器	0.30（0.20～0.30） 0.45（0.30～0.45） 0.65（0.45～0.65） 1.00（0.65～1.00） 1.50（1.00～1.50） 2.00（1.50～2.00） 3.00（2.00～3.00） 4.50（3.00～4.50） 6.50（4.50～6.50） 10.00（6.50～10.00） 15.00（10.00～15.00） 20.00（15.00～20.00）	为热脱扣器额定电流的8～12倍（出厂时整定在10倍）

四、低压断路器的选用

1）低压断路器的额定电压应不小于被保护电路的额定电压。

2）低压断路器的壳架等级额定电流应不小于被保护电路的计算负载电流。

3）低压断路器整定电流不小于被保护电路的计算负载电流。

4）断路器用于保护和控制频繁起动电动机时，还应考虑断路器的操作条件和使用寿命。

五、低压断路器的检测

1）将数字万用表拨至 $R\times1\Omega$ 挡。

2）将数字万用表两表笔分别搭接在低压断路器的进、出线端子上。

3）合上低压断路器后，阻值为0Ω，组合开关断开；断开低压断路器，阻值为∞。

任务实施

根据表3-15内容识别与检测低压断路器。

表3-15 低压断路器的识别与检测

序号	任务	操作要点
1	识读型号	低压断路器的型号标注在低压断路器的表面
2	识别接线柱	上接线柱为进线端子，下接线柱为出线端子

（续）

序号	任　务	操作要点
3	检测低压断路器的好坏	将万用表置于 $R\times1\Omega$ 挡，欧姆调零后，将两表笔分别搭接在低压断路器的进、出线端子上，合上低压断路器时，阻值为0，组合开关断开；断开低压断路器时，阻值为∞

任务评价（见表3-16）

表3-16　评价表

班　级	姓　名		日期	同组人	工　时	得　分
序　号	考核项目		配分	评分标准	扣　分	备　注
1	识读型号		10	识读错误不得分		
2	识别接线柱		30	上下接线柱各占15分，每错一个扣5分		
3	检测低压断路器好坏		40	按检测过程给分		
4	安全文明生产		20	1. 违反安全文明生产考核要求的任何一项，扣2分 2. 有重大人身事故隐患时，要立即予以制止，扣2～10分		
得分		收获与体会				

课后作业

1）低压断路器的作用是什么？

2）HUM18－63C32/1 的含义是什么？

3）反复练习，掌握低压断路器的识别与检测。

任务6　交流接触器的识别与检测

任务描述

通过本任务的学习和实践操作，识别交流接触器的型号、接线柱，检测交流接触器质量。

提供器材：交流接触器、万用表、螺钉旋具。

完成下列任务：

1）交流接触器的符号和型号识别。

2）交流接触器的结构。

3）交流接触器的主要技术参数。

4）交流接触器的选用。

5）交流接触器的识别与检测。

任务准备

一、交流接触器的型号和符号及外形（见图3-21、图3-22）

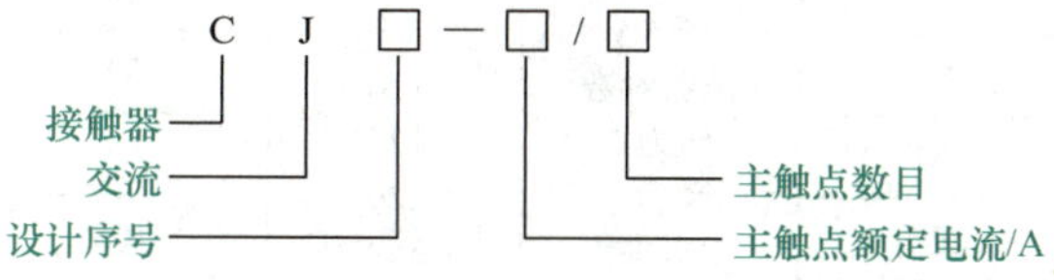

图3-21　交流接触器的型号含义

图3-22　交流接触器符号及外形

二、交流接触器的结构

CJ10系列交流接触器结构如图3-23所示。

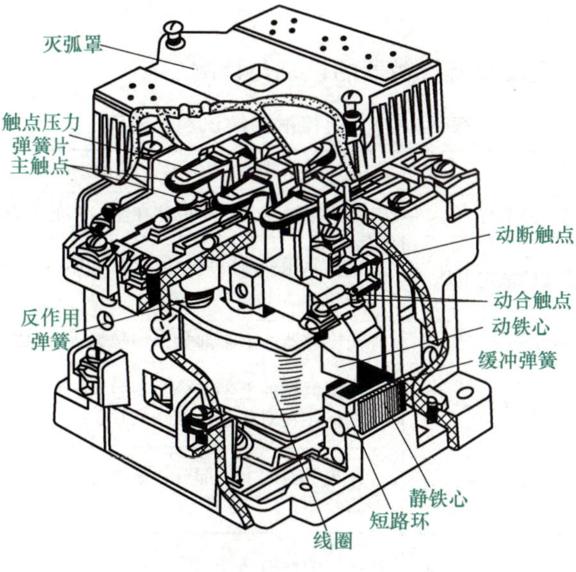

图3-23　CJ10系列交流接触器结构

三、交流接触器的主要技术参数（见表 3-17）

表 3-17　交流接触器的主要技术参数

型号	主触点（额定电压 380V）		辅助触点（额定电压 380V）	线圈		可控制电动机最大容量值/kW	
	对数	额定电流/A		电压/V	功率/V · A	220V	380V
CJT1 - 10	3	10	额定电流 5A 触点对数均为 2 动合、2 动断	可为 36 110 127 220 380	11	2.2	4
CJT1 - 20		20			22	5.8	10
CJT1 - 40		40			32	11	20
CJT1 - 60		60			95	17	30
CJT1 - 100		100			105	28	50
CJT1 - 150		150			110	43	75

四、交流接触器的选用

1）选择接触器主触点的额定电压。接触器主触点的额定电压应大于或等于控制线路的额定电压。

2）选择接触器主触点的额定电流。接触器主触点的额定电流应不小于负载电路的额定电流。

3）选择接触器吸引线圈的电压。当控制电路简单，使用电器较少时，可直接选用 380V 或 220V 的交流电压；当电路复杂、使用电器超过 5 个时，可用 36V 或 110V 的交流电压的线圈。

4）选择接触器的触点数量及类型。

交流接触器的检测

任务实施

根据表 3-18 要求，完成交流接触器的识别与检测。

表 3-18　交流接触器的识别与检测

序号	任　务	操作要点
1	识读交流接触器的型号	交流接触器的型号标注在窗口侧的下方（铭牌）
2	识别交流接触器线圈的额定电压	从交流接触器的窗口向里看（同一型号的接触器线圈有不同的电压等级）
3	找到线圈的接线端子	在接触器的下半部分，编号为 A1 - A2，标注接线端子旁
4	找到 3 对主触点的接线端子	在接触器的上半部分，编号为 1/L1 - 2/T1、3/L2 - 4/T2、5/L3 - 6/T3，标注在对应接线端子的顶部
5	找到两对辅助动合触点的接线端子	在接触器的上半部分，编号为 22 - 24、43 - 44，标注在对应接线端子的外侧
6	找到两对辅助动断触点的接线端子	在接触器的顶部，编号为 11 - 12、31 - 32，标注在对应接线端子的顶部

（续）

序号	任务	操作要点
7	压下接触器，观察触点吸合情况	边压边看，动断触点先断开，动合触点后闭合
8	释放接触器，观察触点复位情况	边放边看，动合触点先复位，动断触点后复位
9	检测两对动断触点的好坏	将万用表置于 $R\times1\Omega$ 挡，欧姆调零后，将两表笔分别搭接在动断触点两端。常态时，各动断触点的阻值约为 0；压下接触器后，再测量阻值，阻值为∞
10	检测 5 对动合触点的好坏	将万用表置于 $R\times1\Omega$ 挡，欧姆调零后，将两表笔分别搭接在动合触点两端。常态时，各动合触点的阻值约为∞；压下接触器后，再测量阻值，阻值为 0
11	检测接触器线圈好坏	将万用表置于 $R\times100\Omega$ 挡，欧姆调零后，将两表笔分别搭接在线圈两端，线圈的阻值约为 1800Ω
12	测量各触点接线端子之间的阻值	将万用表置于 $R\times10k\Omega$ 挡，欧姆调零后，各触点接线端子之间的阻值约为∞

任务评价（见表 3-19）

表 3-19 评价表

班级	姓名		日期	同组人	工时	得分
序号	考核项目		配分	评分标准	扣分	备注
1	识读交流接触器的型号		10	识别错误不得分		
2	识别交流接触器线圈的额定电压和接线端子，并检测线圈好坏		20	识别占 20 分，错误不得分，检测占 10 分，按过程给分		
3	找到各触点（主触点、辅助触点）的接线端子并进行检测		25	按操作过程给分		
4	测量各触点接线端子之间的阻值		25	测错一个扣 2 分		
5	安全文明生产		20	1. 违反安全文明生产考核要求的任何一项，扣 2 分 2. 有重大人身事故隐患时，要立即予以制止，扣 2～10 分		
得分		收获与体会				

课后作业

简述交流接触器主触点和辅助触点接线端的判断和检测方法。

任务7　热继电器的识别与检测

任务描述

通过本任务的学习和实践操作，识别热继电器的型号、接线柱，检测热继电器质量。

提供器材：热继电器、万用表、螺钉旋具。

完成下列任务：

1）热继电器的符号和型号识别。

2）热继电器的结构。

3）热继电器的主要技术参数及选用。

4）热继电器的检测。

任务准备

热继电器的工作原理是流入热元件的电流产生热量，使具有不同膨胀系数的双金属片发生形变，当形变达到一定距离时，就推动连杆动作，使控制电路断开，从而使接触器失电，主电路断开，实现电动机的过载保护。

热继电器作为电动机的过载保护元件，以其体积小、结构简单、成本低等优点在生产中得到了广泛应用。

一、热继电器的型号和符号及外形（见图3-24、图3-25）

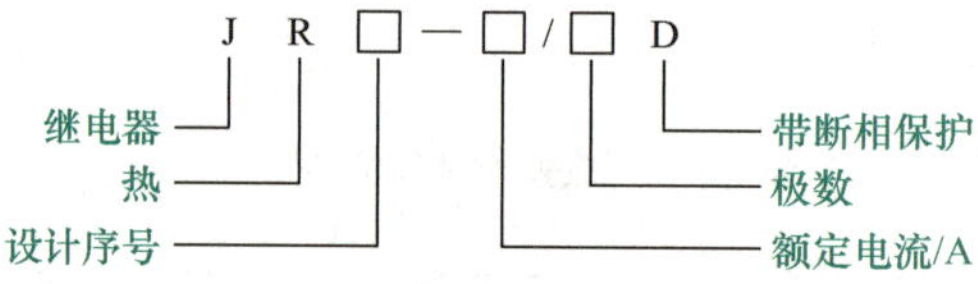

图3-24　热继电器的型号含义

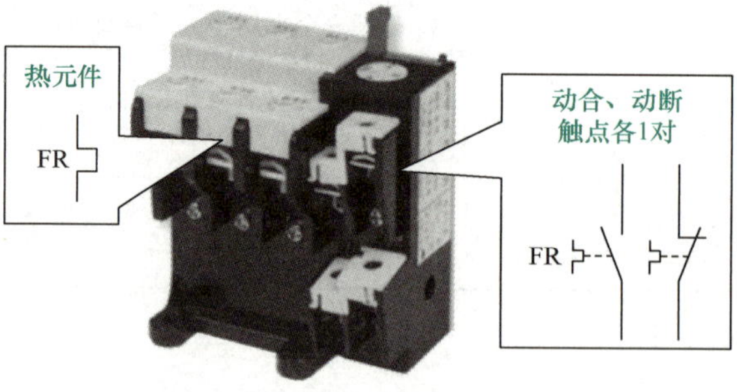

图3-25　热继电器外形及符号

二、热继电器的结构

JR 系列热继电器的结构如图 3-26 所示。

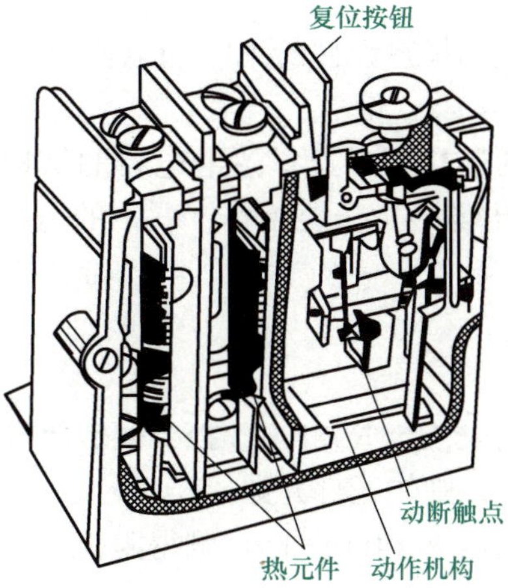

图 3-26　JR 系列热继电器的结构

三、热继电器的主要技术参数（见表 3-20）

表 3-20　热继电器的主要技术参数

型号	额定电流/A	热元件等级	
		额定电流/A	整定电流调节范围/A
JR16B-20/3 JR16B-20/3D	20	0.35 0.50 0.72 1.10 1.60 2.40 3.50 5.00 7.20 11.00 16.00 22.00	0.25～0.35 0.32～0.50 0.45～0.72 0.68～1.10 1.00～1.60 1.50～2.40 2.20～3.50 3.20～5.00 4.50～7.20 6.80～11.00 10.00～16.00 14.00～22.00
JR16B－40/3D	40	0.64 1.00 1.60 2.50 4.00 6.40 10.00 16.00 25.00 40.00	0.40～0.64 0.64～1.00 1.00～1.60 1.60～2.50 2.50～4.00 4.00～6.40 6.40～10.00 10.00～16.00 16.00～25.00 25.00～40.00

四、热继电器的选用

1）根据电动机的额定电流选择热继电器的规格。一般应使热继电器的额定电流略大于电动机的额定电流。

2）根据需要的整定电流值选择热元件的编号和电流等级。一般情况下，热元件的整定电流为电动机额定电流的 0.95 ~ 1.05 倍。

3）根据电动机定子绕组的连接方式选择热继电器的结构形式。定子绕组作Y联结的电动机选用普通三相结构的热继电器，定子绕组作△联结的电动机应选用三相结构带断相保护装置的热继电器。

五、热继电器检测方法

1）检测发热元件。将万用表拨至 $R\times100\Omega$ 挡，两表笔接在各组热元件两端，测得阻值应接近于 0Ω；若测得阻值为∞，则热元件开路。

2）检测触点。将万用表拨至 $R\times100\Omega$ 挡，测得阻值为 0 的是动断触点，测的阻值为∞的是动合触点。

热继电器的检测

任务实施

根据表 3-21 内容完成热继电器的识别与检测。

表 3-21　热继电器的识别与检测

序号	任　　务	操 作 要 点
1	识读热继电器的铭牌	铭牌贴在热继电器的侧面
2	找到整定电流调节旋钮	旋钮上标有整定电流
3	找到复位按钮	REST/STOP
4	找到测试键	位于热继电器前侧下方，TEST
5	找到驱动元件的接线端子	编号与交流接触器相似，1/L1-2/T1、3/L2-4/T2、5/L3-6/T3
6	找到动断触点的接线端子	编号编在对应的接线端子旁，95-96
7	找到动合触点的接线端子	编号编在对应的接线端子旁，97-98
9	检测动断触点的好坏	将万用表置于 $R\times1\Omega$ 挡，欧姆调零后，将两表笔分别搭接在动断触点两端。常态时，各动断触点的阻值约为 0；动作测试键后，再测量阻值，阻值为∞
10	检测动合触点的好坏	将万用表置于 $R\times1\Omega$ 挡，欧姆调零后，将两表笔分别搭接在动合触点两端。常态时，各动合触点的阻值约为∞；动作测试键后，再测量阻值，阻值为 0

任务评价（见表3-22）

表3-22　评价表

班　级	姓　名		日期	同 组 人	工　时	得　分
序　号	考核项目		配分	评分标准	扣　分	备　注
1	识读热继电器的铭牌		10	识别错误不得分		
2	找到热继电器各个按钮		20	识别占20分，错误不得分，检测占10分，按过程给分		
3	找到驱动元件和各触点的接线端子		20	按操作过程给分		
4	检测触点好坏		30	测错一个扣2分		
5	安全文明生产		20	1. 违反安全文明生产考核要求的任何一项，扣2分 2. 有重大人身事故隐患时，要立即予以制止，扣2～10分		
得分		收获与体会				

课后作业

简述热继电器的工作原理。

任务8　三相异步电动机的识别与检测

任务描述

通过本任务的学习和实践操作，识别三相异步电动机的铭牌数据、接线，检测三相异步电动机质量。

提供器材：三相异步电动机、灯泡、万用表、螺钉旋具。

完成下列任务：

1）三相异步电动机的铭牌数据识别。

2）三相异步电动机的检测。

任务准备

三相异步电机是感应电动机的一种，是靠同时接入380V三相交流电流（相位差120°）供电的一类电动机。由于三相异步电动机的转子与定子旋转磁场以相同的方向、不同的转速旋转，存在转差率，所以称为三相异步电动机。三相异步电动机转子的转速低于定子旋转磁场的转速，转子绕组因与磁场间存在着相对运动而产生电动势和电流，并与磁场相互作用产生电磁转矩，实现能量变换。

一、三相异步电动机的铭牌数据

若要正确使用电动机必须看懂铭牌数据，以Y112M—4型电动机为例来说明铭牌上各数据的意义。三相异步电动机的铭牌如图3-27所示。

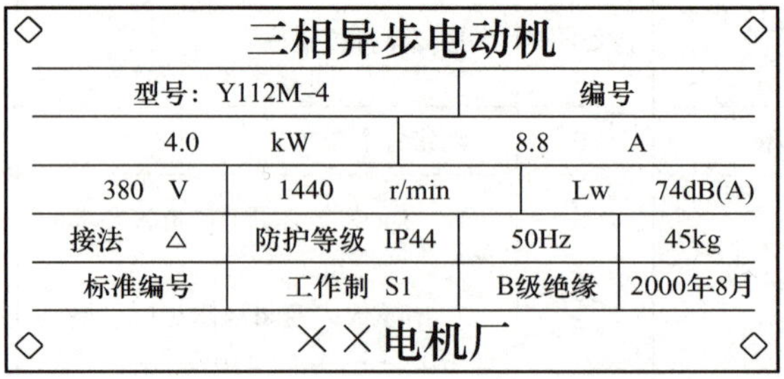

图3-27　三相异步电动机的铭牌

1. 型号

（1）型号说明

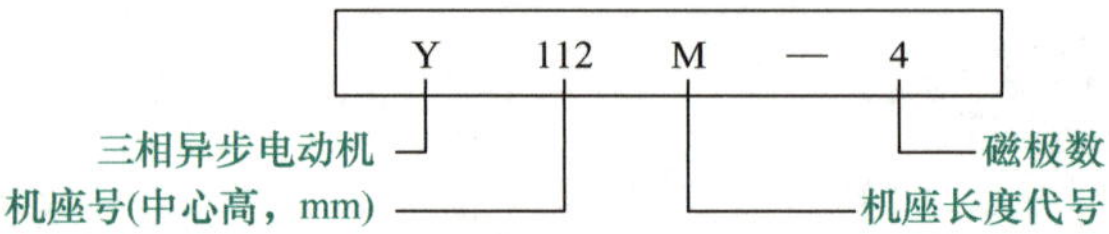

其中，机座长度代号：S—短机座；M—中机座；L—长机座。

（2）异步电动机产品名称代号（见表3-23）

表3-23　异步电动机产品名称代号

产品名称	新代号	汉字意义	老代号
异步电动机	Y	异	J. JO
绕线转子异步电动机	YR	异绕	JR/JRO
防爆型异步电动机	YB	异爆	JB/JBO
高起动转矩异步电动机	YQ	异起	JQ/JQO

2. 额定功率

电动机在额定运行状态下运行时轴上输出的机械功率，单位为W或kW。

3. 额定电压

电动机在额定运行状态下运行时定子绕组所加的线电压，单位为 V 或 kV。

4. 额定电流

电动机在额定电压、输出额定功率时，流入定子绕组中的线电流，单位为 A。

5. 额定转速

电动机在额定运行状态下运行时转子的转速，单位为 r/min。

6. 额定频率

额定频率为 50Hz。

7. 额定功率因数

电动机在额定运行状态下运行时定子的功率因数。

8. 接法

（1）三角形联结。将三相绕组依次首尾相连构成一个闭合回路，如图 3-28a 所示，在首尾连接点上引出 3 根线，分别接三相电源。

（2）星形联结。将三相绕组的 3 个首端或 3 个尾端连接在一起，形成一个星点，另外 3 个尾端或 3 个首端接电源，如图 3-28b 所示。

按规定，6 条引出线的首尾分别用 U1、V1、W1、U2、V2、W2 作为标号，其中：

U1、U2 为第一相绕组的首、尾端。

V1、V2 为第二相绕组的首、尾端。

W1、W2 为第三相绕组的首、尾端。

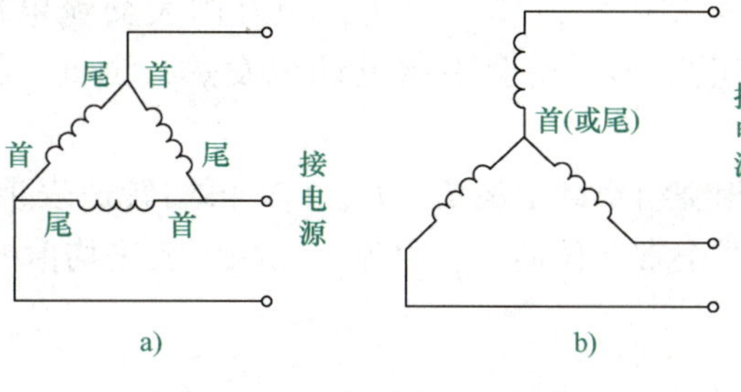

图 3-28　三相异步电动机接法

a）三角形联结　b）星形联结

三相异步电动机检测

二、三相异步电动机的检测

1. 测量三相绕组冷态直流电阻

将万用表置于低电阻量程挡，从电动机接线盒中取下全部连接铜片，依次测量 U1－U2、V1－V2、W1－W2 之间的直流电阻。若阻值小，为正常；若阻值为 0Ω，说明绕组内部短路；若阻值为∞，说明绕组内部开路。三相绕组直流电阻值的不平衡度不得超过 ±3%。

2. 测量绕组绝缘电阻

检测前，应检验一下绝缘电阻表的好坏。将绝缘电阻表水平放置，空摇绝缘电阻表，指针应该指到∞处，再慢慢摇动手柄，使 L 和 E 两接线柱输出线瞬时短接，指针应迅速指零。**注意：**在摇动手柄时，不得让 L 和 E 短接时间过长，否则将损坏绝缘电阻表。

在拆去接线盒中三相绕组全部连接铜片的前提下，将绝缘电阻表的 E 接线柱接在电动机外壳上，L 接线柱接电动机绕组的任一接线端，然后以 2r/s 的速度匀速摇绝缘电阻表的手柄，表针稳定后读数，该数值即为所测绕组的对地绝缘电阻值；再用绝缘电阻表检测三相绕组之间的绝缘电阻值。阻值大于 5MΩ 为正常。

3. 判断三相绕组的首尾

将三相绕组的 6 个端头从接线板上拆下，先用万用表测出每相绕组的两个端头，并按图 3-29所示编号为 1、2、3、4、5、6。

将 3、4 两个绕组端接万用表正、负端钮，并规定接正端钮的为首端，将万用表置于直流最低毫安挡。将另一绕组的 1、2 端分别接低压直流电源正、负极；在闭合 SA 瞬间，若电流表指针向右偏转，则与电源正极相接的一端 1 和与万用表正端钮相接的 3 端为同极性端，均为首端。当然，2 与 4 也是同极性端，均为尾端。用同样的办法可判断出第三相绕组的 5、6 两端谁为首端、谁为尾端。规定 1－2 端绕组为 U 相、3－4 端绕组为 V 相、5－6 端绕组为 W 相。

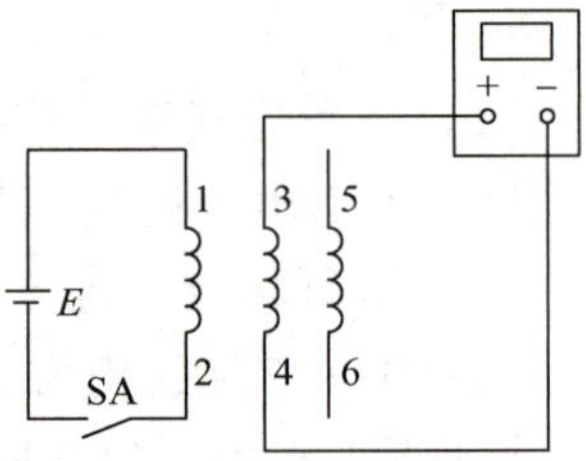

图 3-29　用万用表测绕组

4. 测各相空载电流、绕组相电压及转速

将电动机接通 380 V 三相电源，使其运转，用万用表交流电压挡测三相绕组相电压 U_u、U_v、U_w。电动机三相电压不平衡会引起电动机发热，因此，三相电压不平衡度不得超过 ±2%。

用钳形电流表测出三相绕组空载电流 I_u、I_v、I_w，再用转速表顶住轴端测出电动机空载转速，并判断这些数据是否正常。任何一相电流与三相电流平均值的偏差不得超过三相平均值的 ±10%。

任务实施

根据表 3-24 内容对三相异步电动机进行检测。

表 3-24　检测三相异步电动机

定子绕组的测定			
绕组是否接地	绕组是否短路	绕组是否断路	绕组是否接错或相序接反
1. 观察法 2. 灯泡检查法 3. 万用表或绝缘电阻表法	1. 万用表或绝缘电阻表法 2. 电流表法 3. 电阻检查法 4. 短路侦察器法 5. 匝间绝缘试验仪检查法	1. 万用表或绝缘电阻表法 2. 灯泡检查法 3. 电压表法	1. 假转子检查法 2. 指南针检查法 3. 干电池检查法

任务评价（见表3-25）

表3-25 评价表

班级	姓名		日期	同组人	工时	得分
序号	考核项目		配分	评分标准	扣分	备注
1	检测绕组是否接地		20	按操作过程给分，检测错误不得分		
2	检测绕组是否短路		20	按操作过程给分，检测错误不得分		
3	检测绕组是否断路		20	按操作过程给分，检测错误不得分		
4	检测绕组是否接错或嵌反		20	按操作过程给分，检测错误不得分		
5	安全文明生产		20	1. 违反安全文明生产考核要求的任何一项，扣2分 2. 有重大人身事故隐患时，要立即予以制止，扣2～10分		
得分		收获与体会				

课后作业

进行三相异步电动机的星形联结与三角形联结，简述两种接法的不同之处。

项目小结

低压电器能够依据操作信号或外界现场信号的要求，自动或手动地改变电路的状态、参数，实现对电路或被控对象的控制、保护、测量、指示和调节。

本项目介绍的是常用低压电器的识别与检测，从低压电器的基本知识入门，主要学习了开关电器、主令电器、熔断器、低压断路器、接触器、继电器等低压电器的作用、结构工作原理；各低压电器的图形和文字符号；罗列出了各种不同低压电器的技术参数及其使用和选用方法。其中重点内容为接触器、继电器、按钮、开关等电器元件的结构、原理、符号和选择方法；难点则在于各种元器件的认识和正确的选用方法。

这一项目的实施为后续电力拖动控制电路的学习奠定了坚实的基础。

习　题

一、填空题

1. 常用的低压电器有低压断路器、________、交流接触器、热继电器、________、________。

2. 刀开关主要有________、________、________等类型。

3. 主令电器是用来________控制电路以发号施令的电器。常见的有________、________、万能转换开关及________等。

4. 熔断器作为________的保护器，是应用最普遍的保护器件之一。

5. 低压断路器是一种不仅可以________正常负荷电流和过负荷电流，还可以________短路电流的开关电器。

6. 低压断路器在电路中除起控制作用外，还具有一定的________，如________、________、欠电压和剩余电流保护等。

7. 接触器具有________的保护功能，适用于频繁操作和远距离控制。

8. 电动机的接法有________和________。

9. 熔断器的文字符号为________，图形符号是________。

二、选择题

1. 交流接触器的额定工作电压是指在规定条件下，能保证电器正常工作的（　　）电压。

A. 最低　　B. 最高　　C. 平均

2. 热继电器的保护特性与电动机过载特性贴近，是为了充分发挥电动机的（　　）能力。

A. 过载　　B. 控制　　C. 节流

3. 熔断器广泛应用于低压供配电系统和控制系统中，主要用于（　　）保护，有时也可用于过载保护。

A. 过电流　　B. 速断　　C. 短路

4. 低压电器按其动作方式又可分为自动切换电器和（　　）电器。

A. 非自动切换　　B. 非电动　　C. 非机械

5. 熔断器是一种（　）保护器。

A. 电流　　B. 电压　　C. 电磁

6. 交流接触器主触点的额定电流应不（　　）负载电路的额定电流。

A. 大于　　B. 小于　　C. 等于

7. 低压电器产品全型号中的第一位为（　　）。

A. 设计序号　　B. 基本规格代号　　C. 类组代号　　D. 辅助规格代号

8. 手动切换电器为（　　）。

A. 低压断路器　　B. 继电器　　C. 接触器　　D. 按钮

9. 图形符号  是（　　）触点。

A. 延时断开动合　　B. 延时闭合动合　　C. 延时断开动断

10. 熔断器的符号是（　　）。

A. 　　B. 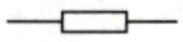　　C. 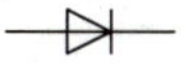

11. 将三相异步电动机的三相绕组依次首尾相连构成一个闭合回路称为（　　）联结。

A. 串联　　B. 圆形　　C. 三角形　　D. 星形

12. 接触器主触点的额定电压应（　　）控制电路的额定电压。

A. 小于　　B. 小于或等于　　C. 大于　　D. 大于或等于

13. 检测接触器线圈好坏时，应将万用表置于（　　）挡。

A. $R\times1\Omega$　　B. $R\times100\Omega$　　C. $R\times10\text{k}$　　D. 蜂鸣

14. 根据电动机的额定电流选择热继电器的规格。一般应使热继电器的额定电流（　　）电动机的额定电流。

A. 略大于　　B. 略小于　　C. 等于

三、判断题

1. 在设计电动机的继电接触器控制系统时，一般不选用低压断路器。（　　）
2. 剩余电流保护断路器不具备过负荷保护。（　　）
3. 热继电器利用电流的热效应原理来切断电路以保护电动机。（　　）
4. 按钮是一种结构简单、应用广泛的主令电器。（　　）
5. 位置开关又称限位开关或行程开关，作用与按钮不同。（　　）
6. 接触器是一种适合用于远距离频繁接通和分断交直流主电路的自动控制电器。（　　）
7. 负荷开关可以用于接通和切断负荷电流。（　　）
8. 信号继电器动作信号在保护动作发生后会自动返回。（　　）
9. 隔离开关只能用来将电器设备与带电体隔离。（　　）
10. 目前我国生产的接触器额定电流一般大于或等于630A。（　　）

四、简答题

1. 什么是低压电器？
2. 如何检测熔断器的好坏？
3. 简述接触器的工作原理。

项目4

电力拖动控制电路的安装与调试

项目目标

1）掌握维修电工常用工具的使用、导线的选用与连接方法。
2）能识读电路图，明确电路所用电器元件的作用。
3）掌握电路的工作原理，明确控制过程。
4）掌握接线板布置要求与方法。
5）掌握电器布置图和接线图的绘制方法。
6）掌握布线的工艺标准。
7）能根据布线图布线，并熟练布线技能。
8）掌握自检步骤和自检内容。
9）能根据电路工作原理正确通电试车。
10）能根据故障现象查找故障点并合理排除故障。

项目描述

电力拖动控制电路的安装与调试是维修电工专业极其重要的环节，是电工从业人员必备的一项技能。

本项目根据《维修电工（初级）》考核要求，主要介绍电气控制电路装调基础，三相异步电动机双重联锁正、反转控制电路，三相异步电动机拖动工作台自动往返控制电路和两台三相异步电动机顺序起动、逆序停止控制电路的安装、调试和排故。初步培养学生分析基本控制电路的能力，训练电路的安装、检测及调试的基本技能，强化安全意识，养成严谨、认真、耐心和细致的学习和工作态度，为后续学习打下良好基础。

任务1　电气控制电路装调基础

电气控制电路装调基础，主要是学习导线的连接方法、电路图的识读、绘制和装配的工艺要求。基础掌握不熟练将直接影响在实践中的效率和控制电路的可靠性。

任务描述

本任务介绍的主要内容有导线的剥削、连接及绝缘层的恢复，电气原理图的识读与接线图的设计绘制方法等。通过本任务的理论学习和实践操作能根据接线图布置控制系统，同时能掌握装配的工艺要求。

任务目标：

1）了解导线的剥削、连接的方法及绝缘层的恢复。

2）学会电路图和电气接线图的识读与绘制。

3）掌握电气线路的装配工艺要求。

任务准备

塑料硬线绝缘层剥线

一、导线的剥削、连接及绝缘层的恢复

（一）剥削

1. 塑料硬线绝缘层剥削

塑料硬线绝缘层剥削常用工具有剥线钳、尖嘴钳和电工刀，如图4-1所示。

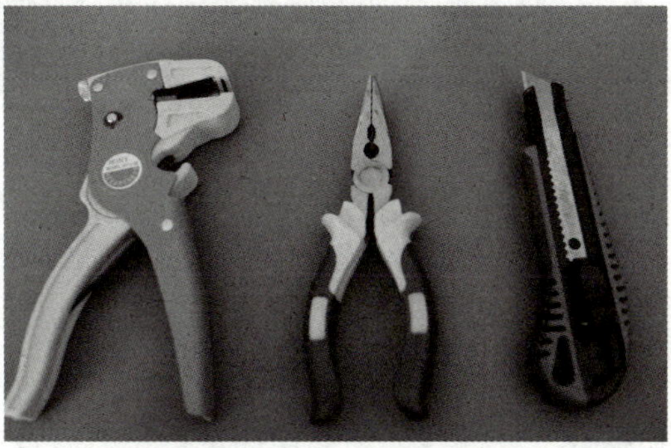

图4-1 常用工具

1）尖嘴钳剥削塑料硬线绝缘层（剥削长短可根据实际而定）。对于线芯截面积不大于4mm² 的塑料硬线绝缘层的剥削，人们一般用钢丝钳或尖嘴钳进行，剥削的方法和步骤如下：

①根据所需线头长度用尖嘴钳刀口旋转切割绝缘层，注意用力适度，不可损伤线芯，如图4-2a、b所示。②接着用左手抓牢导线，右手握住尖嘴钳用力向外拉动，即可剖下塑料绝缘层，如图4-2c所示。③剥削完成后，应检查线芯是否完整无损，如损伤较大，应重新选取再次剥削。塑料软线绝缘层的剥削，只能用剥线钳或钢丝钳和尖嘴钳进行，不可用电工刀，其操作方法与此相同。

2）用电工刀剥削塑料硬线绝缘层（剥削长短可根据实际而定）。对于线芯截面积大于4mm² 的塑料硬线，可用电工刀来剥削绝缘层。其方法和步骤如下：

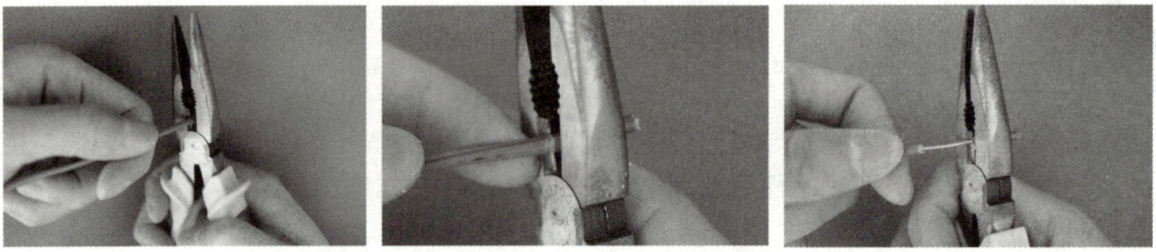

a)　b)　c)

图 4-2　尖嘴钳剥削塑料硬线绝缘层操作示意

a）旋转轻夹绝缘层　b）使绝缘层断裂　c）拉掉绝缘层

①根据所需线头长度用电工刀以约 45°角倾斜切入塑料绝缘层，注意用力适度，避免损伤线芯。②然后使刀面与线芯保持 45°角左右，用力向线端推削，在此过程中应避免电工刀切入线芯，只削去上面一层塑料绝缘层，如图 4-3a 所示。③最后将塑料绝缘层向后翻起，用电工刀齐根切去，如图 4-3b、c 所示。（说明：因其他原因示意图中的导线采用 $1.5mm^2$ 的铜导线做示范，其操作方法与此同。）

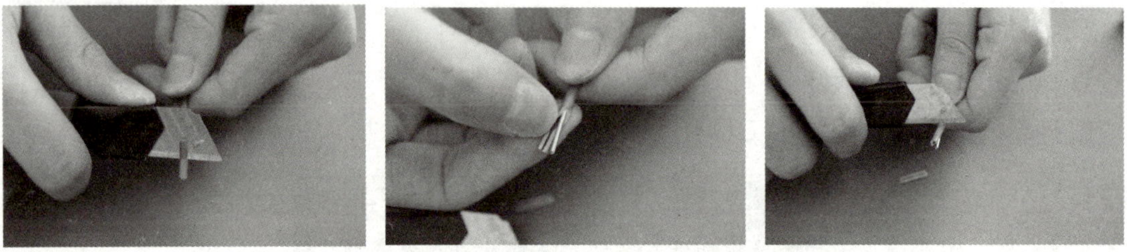

a)　b)　c)

图 4-3　用电工刀剥削塑料硬线绝缘层操作示意

a）45°切削绝缘层　b）剥开绝缘层　c）切断绝缘层

3）HY－150 型剥线钳剥塑料硬线绝缘层（HY－150 型剥线钳剥线长度为 25mm）。此剥线钳的使用方法十分简便，确定要剥削的绝缘长度后，即可把导线放入相应的切口中（直径 0.53mm），用手将钳柄握紧，导线的绝缘层即可被拉断后自动弹出。在实际接线时剥线线头长 10mm 左右即可，如图 4-4 所示。

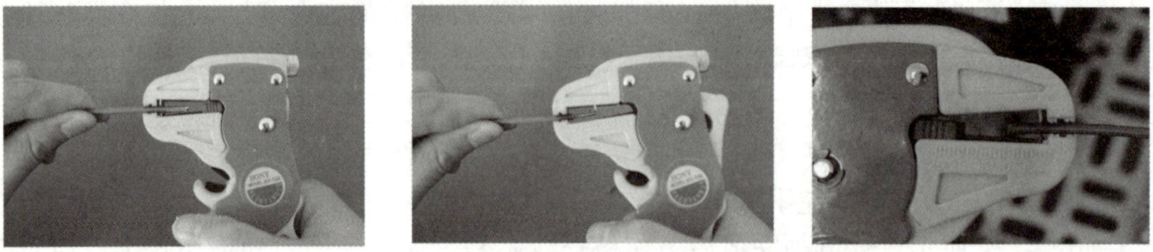

a)　b)　c)

图 4-4　HY－150 型剥线钳剥塑料硬线绝缘层操作示意

a）确定好剥削长度　b）剥除绝缘层　c）10mm 剥线线头

2. 塑料软线绝缘层的剥削

塑料软线绝缘层剥削除用剥线钳外，仍可用尖嘴钳直接剥削截面为 $4mm^2$ 及以下的导线。方法与用尖嘴钳剥削塑料硬线绝缘层相同。

3. 塑料护套线绝缘层的剥削

塑料护套线只有端头可连接，不允许进行中间连接。其绝缘层分为外层的公共护套层和内部线芯的绝缘层。公共护套层通常都采用电工刀进行剥削。

4. 花线绝缘层的剥削

花线的结构比较复杂，多股铜质细线芯先由棉纱包扎层裹捆，接着是橡胶绝缘层，外面还套有棉织管（即保护层）。剥削时，先用电工刀在线头所需长度处切割一圈拉去，然后在距离棉织管 10mm 左右处用钢丝钳按照剥削塑料软线的方法将内层的橡胶层剥去，将紧贴于线芯处的棉纱层散开，用电工刀削去。

5. 橡套软电缆绝缘层的剥削

用电工刀从端头任意两线芯缝隙中割破部分护套层。然后把割破已分成两片的护套层连同线芯（分成两组）一起进行反向分拉来撕破护套层，直到所需长度，再将护套层向后扳翻，在根部分别切断。

6. 铅包线护套层和绝缘层的剥削

铅包线绝缘层分为外部铅包层和内部线芯绝缘层。剥削时，先用电工刀在铅包层上切下一个刀痕，再用双手来回扳动切口处，将其折断，将铅包层拉出来。内部线芯绝缘层的剥削与塑料硬线绝缘层的剥削方法相同。

（二）导线的连接

1. 对导线连接的基本要求

1）导线连接接头要接触紧密、接头电阻小、稳定性好，与同长度同截面积导线的电阻比应不大于 1。

2）导线连接接头的机械强度应不小于导线机械强度的 80%。

3）耐蚀性强，对于铝与铝连接，如采用熔焊法，主要防止残余熔剂或熔渣的化学腐蚀。对于铝与铜的连接，主要防止电化学腐蚀。在接头前后要采取措施，避免这类腐蚀的发生。

4）导线连接接头的绝缘层强度应与导线的绝缘强度一样。

2. 导线的焊接

电工专业中的焊接指的是锡焊，锡焊是利用受热熔化的焊锡对铜、铜合金、钢、镀锌薄钢板等材料进行焊接的一种方法。常用焊接方法有电烙铁焊、沾焊及喷灯焊。锡焊接头具有良好的导电性，一定的机械强度以及对焊锡加热熔化后可方便拆卸等优点，所以在生产上应用较广。

3. 导线的直连

这里讲的直连是不通过其他材料或发生化学变化来对导线的直接连接处理。生产维修中，导线的连接方法有很多种，但是对导线连接的基本要求不变，连接方法也有相似之处。下面通过几种常见的连接方法来掌握电工专业应具备的基本技能。

1）单股线芯的绞接法。绞接法是先将已剖除绝缘层并去掉氧化层的两根线头呈“×”形相交，如图 4-5a①所示，互相绞合 2～3 圈，如图 4-5a②所示，接着扳直两个线头的自由端，将每根线的自由端在对边的线芯上紧密缠绕到线芯直径的 6～8 倍长，如图 4-5b 所示，将多余的线头剪去，修理好切口毛刺即可。

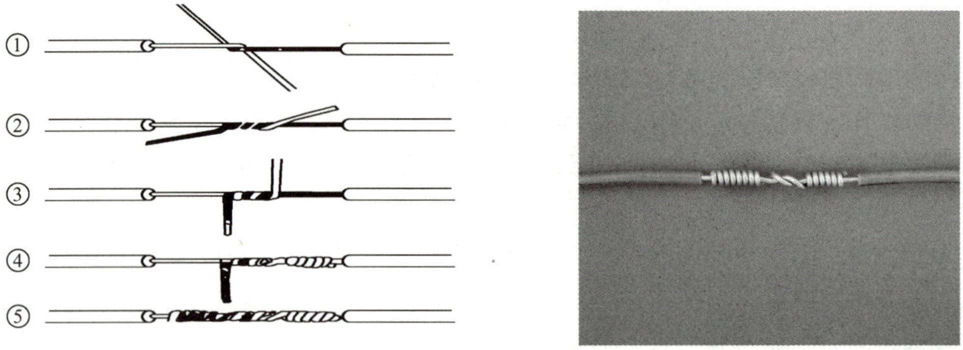

a)　　b)

图 4-5　单股线芯的绞接

a）示意图　b）实物图

单股线芯的绞接

2）小截面单股线芯 T 形连接。对于连接处截面较小的单股铜线芯，可用如图 4-6 所示的方法完成 T 形连接，先把支路线芯线头与干路线芯十字相交，在支路线芯根部留出 3mm 裸线，把支路线芯在干线上缠绕成结状，再把支路线芯拉紧扳直并紧密缠绕在干路线芯上，为保证接头部位有良好的电接触和足够的机械强度，应保证缠绕到线芯直径的 5～6 倍长，将多余的线头剪去，修理好切口毛刺即可。

3）7 股铜线芯导线的连接。对于 7 股铜线芯导线的连接可用如图 4-7 所示的方法完成，也可根据如图 4-8 所示的操作流程完成。先把除去绝缘层和氧化层的线芯线头分成单股散开并拉直，在线头总长（离根部距离的）1/3 处顺着原来的扭转方向将其绞紧，如图 4-8e 所示，余下的 2/3 长度的线头分散成伞形，如图 4-8f 所示。将两股伞形线头相对，隔股交叉直至伞形根部相接，如图 4-8g 所示，然后捏平两边散开的线头，如图 4-8h 所示，再用尖嘴钳夹紧连接处，如图 4-8i 所示。接着 7 股铜线芯按根数 2－2－3 分成三组，先将第一组的两根线芯扳到垂直于线头的方向，如图 4-8j 所示，按顺时针方向缠绕两圈，再弯下扳成直角使其紧贴线芯，如图 4-8k 所示。第二组、第三组线头仍按第一组的缠绕办法紧密缠绕在线芯上，如图 4-8l、m 所示；此时已经完成了一边的任务，另一边的缠绕与前一半方法完全相同。为保证电接触良好，如果导线较粗较硬，可用钢丝钳将其绕紧。缠绕时注意使后一组线头压在前一组线头已折成直角的根部。最后一组线头应在线芯上缠绕三圈，在缠到第三圈时，把前两组多余的线端剪除，使该两组线头断面能被最后一组第三圈缠绕完的线匝遮住。最后一组线头绕到两圈半时，剪去多余部分，使其刚好能缠满三圈，最后用钢丝钳钳平线头，修理好毛刺，如图 4-8n 所示。

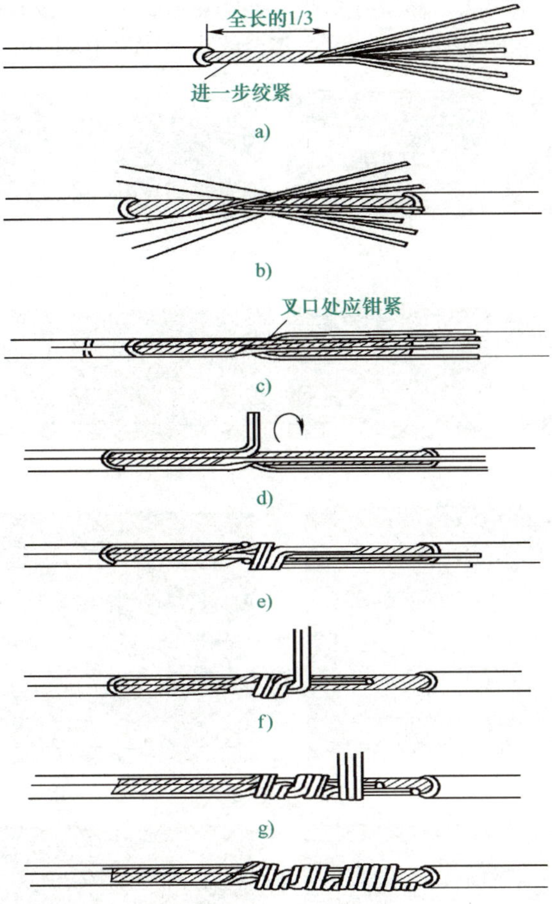

图4-6　小截面单股线芯T形连接

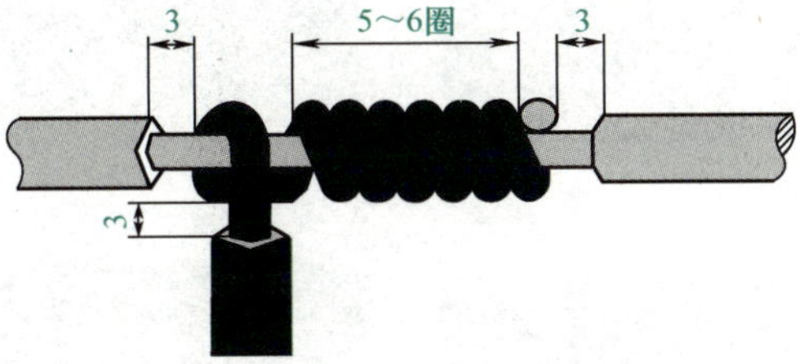

图4-7　7股铜芯导线的直接连接

4）7股线芯与单股线芯的T形连接。把除去绝缘层和氧化层的7股线芯绞紧，在距离根部5mm处用螺钉旋具分开绞线，如图4-9a所示。把除去绝缘层和氧化层的单股线芯穿过开口处，如图4-9b所示。按顺时针方向缠绕在7股线芯上，缠绕至另一根部5mm处即可，如图4-9c所示。将多余的线头剪去，修理好切口毛刺即可。

5）7股线芯的T形连接。把除去绝缘层和氧化层的支路线端分散拉直，在距根部1/10处将其进一步绞紧，将支路线头按3和4的根数分成两组并整齐排列，如图4-10a所示。利用一字螺钉旋具把干线也分成尽可能对等的两组，并在分出的中缝处撬开一定距离，将支路线芯的一组穿过干线的中缝，另一组排于干路线芯的前面，如图4-10b所示。先将前面一组在干线上按顺时针方向缠绕 3 ~4 圈，剪除多余线头，修整好毛刺，如图 4-10c 所示。接着将支路线芯穿越干线的一组，在干线上按逆时针方向缠绕 3 ~4 圈，剪去多余线头，钳平毛刺即可，如图 4-10d 所示。

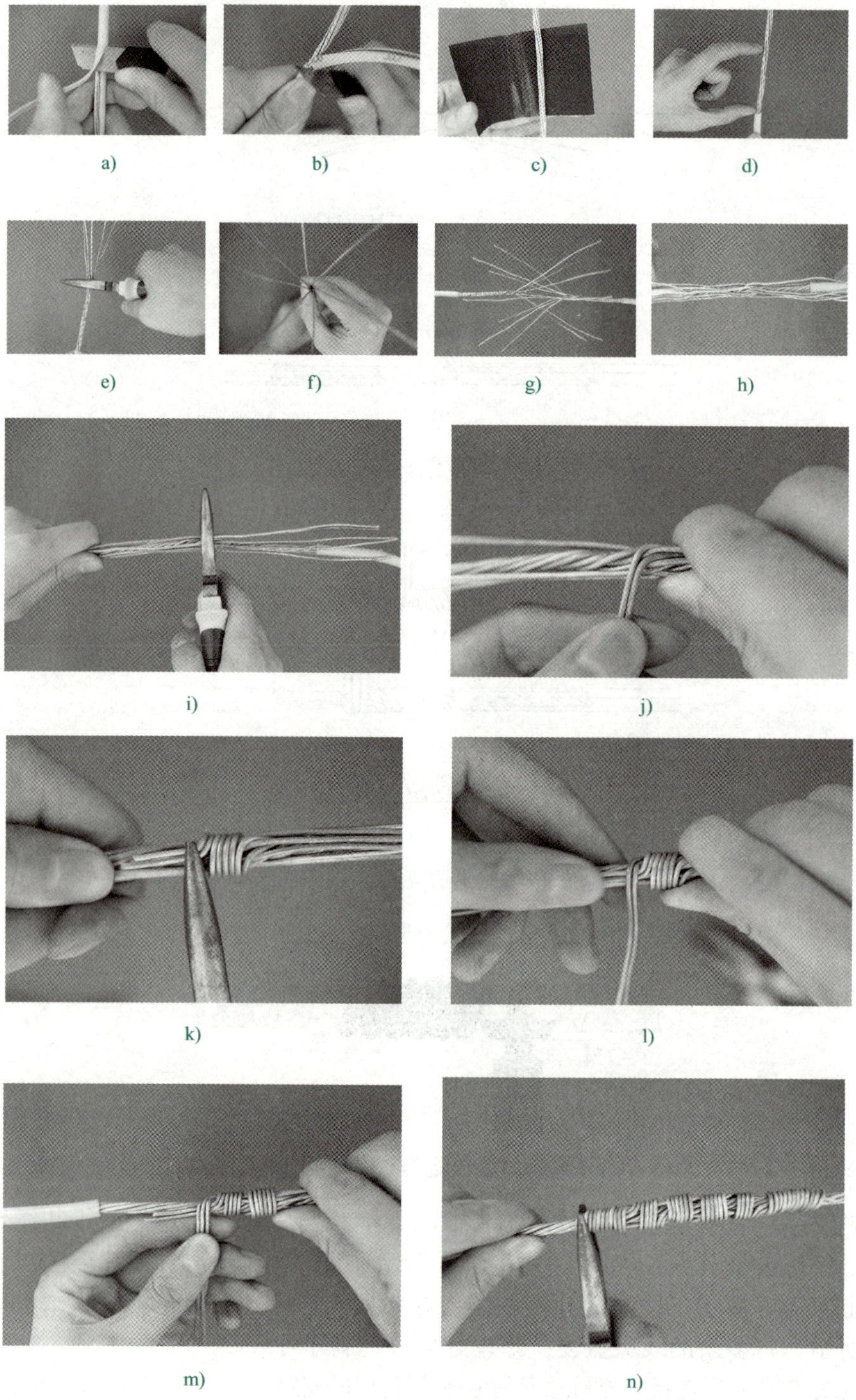

图 4-8　7 股铜芯导线的直接连接实际操作

a）削开　b）切断　c）去氧化层　d）选取 1/3 处　e）绞紧　f）分散成伞形　g）隔股交叉　h）捏平线头　i）用尖嘴钳加紧　j）第一组缠绕两根　k）扳成直角　l）第二组缠绕两圈　m）第三组缠绕　n）修整与完成

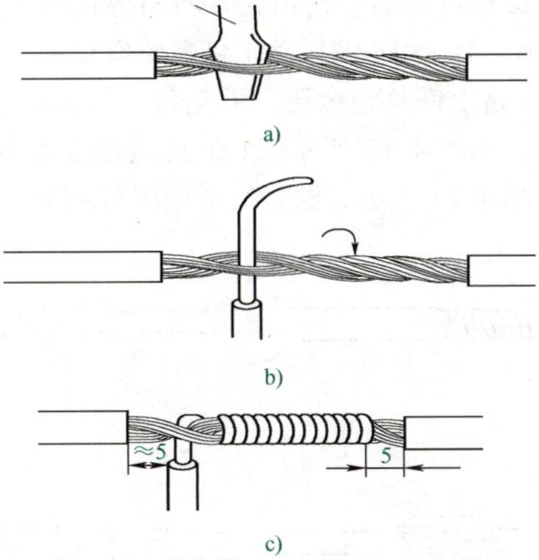

图 4-9　7 股线芯与单股线芯的 T 形连接

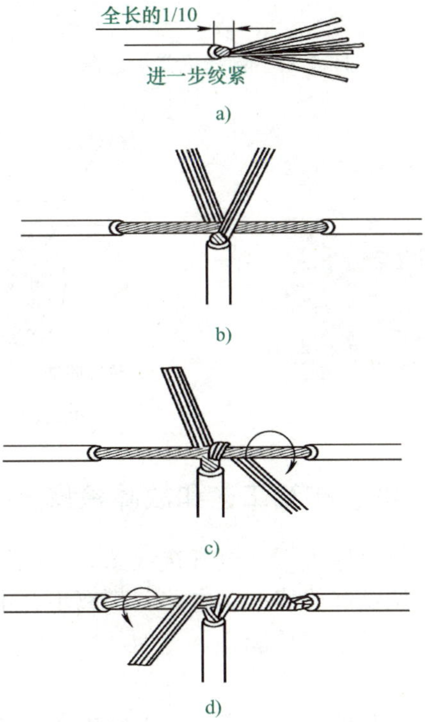

图 4-10　7 股线芯的 T 形连接

（三）导线绝缘层的恢复

在线头连接完工后，导线连接前所破坏的绝缘层必须恢复，且恢复后的绝缘强度一般不应低于剥削前的绝缘强度，方能保证用电安全。电力线路上恢复线头绝缘层常用黄蜡带、涤纶薄膜带和黑胶带（黑胶布）三种材料。绝缘带宽度选 20mm 比较适宜。包缠时，先将黄蜡带从线头的一边在完整绝缘层上离切口 30～40mm 处开始包缠，使黄蜡带与导线保持 45°的倾斜角，后一圈压叠在前一圈 1/2 的宽度上，常称为半迭包，如图 4-11a、b 所示。黄蜡带包缠完以后将黑胶带接在黄蜡带尾端，朝相反方向斜叠包缠，仍倾斜45°，后一圈仍压叠前一圈1/2，如图4-11c所示。在380V的线路上恢复绝缘层时，先包缠1～2层黄蜡带，再包缠一层黑胶带；在220V线路上恢复绝缘层，可先包一层黄蜡带，再包一层黑胶带，或不包黄蜡带，只包两层黑胶带，如图4-12所示。T形连接绝缘恢复方法与直线连接绝缘恢复要求一致，缠绕方法可根据图4-13所示方法，完成绝缘件恢复。

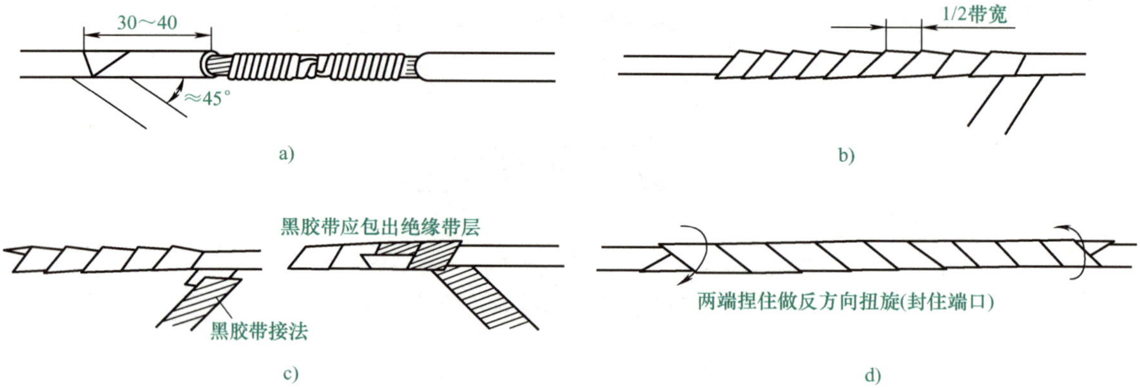

图4-11　绝缘恢复示意图

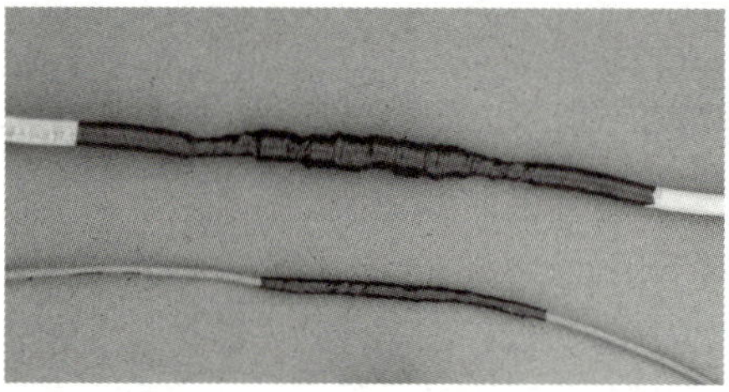

图4-12　绝缘恢复实物图

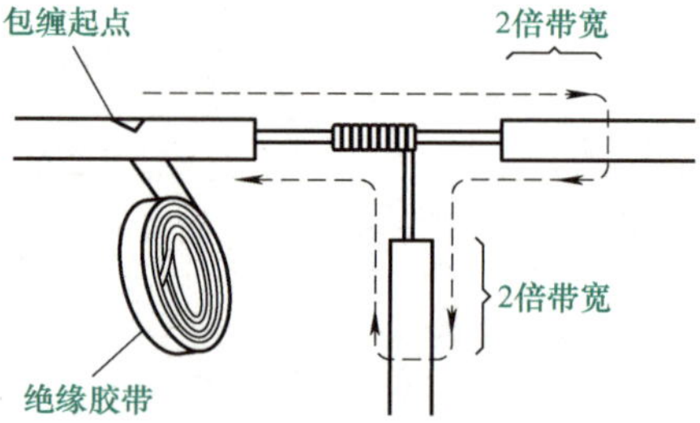

图4-13　T形连接绝缘恢复方法

二、电气图的识读与绘图、布线工艺和故障检修

电气控制系统图主要包括电气原理图和电气接线图。在电气控制系统中，表达系统的设计意图，准确地分析、安装、调试和检修控制电路，都离不开电气控制系统图。熟练绘制与识读电气控制系统图是维修电工的基本技能。

（一）电气原理图

用国家规定的标准图形符号和项目代号来表示电路中各个电器元件的连接关系及电气工作的工程图样称为电气原理图。

1. 电气原理图的绘制方法

1）原理图一般分为电源电路、主电路、控制电路、信号电路及照明电路。电源电路画成水平线，三相交流电源相序L1、L2、L3由上而下依次排列画出，如需中性线N和保护地线PE，则要画在相线之下。直流电源则按照正极在上、负极在下画出。电源开关要水平画出。主电路要垂直电源电路画在原理图的左侧。控制电路、信号电路、照明电路要跨接在两相电源线之间，依次垂直画在主电路的右侧，电路中的耗能元件（如接触器和继电器的线圈、信号灯、照明灯等）要画在电路的下方，而电器的触点画在上方。

2）如图4-14所示的三相异步电动机自锁控制电路原理图中，三相交流电源线L1、L2、L3依次水平地画在图的上方，电源开关QS水平画出；由熔断器FU1、接触器KM的三对主触点、热继电器FR三对热元件和电动机M组成的主电路垂直电源线画在图的左侧；由熔断器FU2、继电器FR动断触点、停止按钮SB1、起动按钮SB2、接触器KM线圈、接触器KM辅助动合触点组成的控制电路跨接在L1、L2两相电源线之间，垂直画在主电路的右侧，且耗能元件KM的线圈画在电路的下方，起动按钮SB2则画在上方，停止按钮画在起动按钮SB2上方，热继电器FR动断触点画在停止按钮SB1上方，熔断器FU1、FU2则画在电路图最上方或起始处。图中没有专门的信号电路和照明电路。

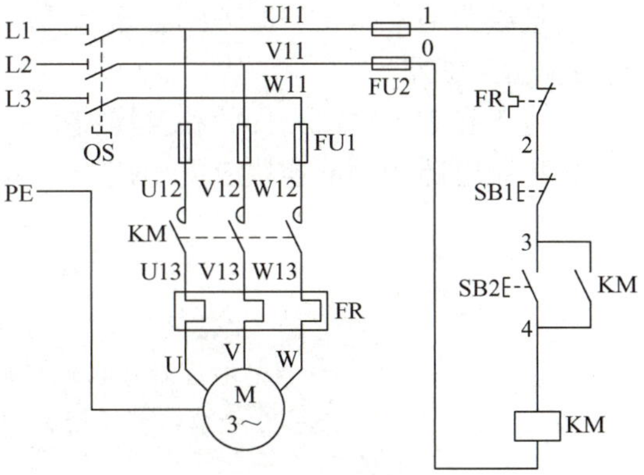

图4-14 三相异步电动机自锁控制电路原理图

3）原理图中，各电器触点位置按电路未通电或电器未受外力作用时的常态画出，各电器元件不画实际的外形图，而采用国标所规定的图形符号和文字符号。

4）原理图中，同一电器的各元件不按它们的实际位置画在一起，而是按其在电路中的作用分画在不同的电路中，但它们的动作却是相互关联的，必须标以相同的文字符号，接触器的线圈画在控制电路中，而其三对主触点则画在主电路中，它们都标以相同的文字符号KM，用于表示它们属于同一个接触器的元件。若图中相同的电器较多时，需要在文字符号后面加上数字以示区别，如KM1、KM2等。

5）原理图中，对有直接电联系的交叉导线连接点，要用小黑圆点表示，无直接电联系的交叉导线连接点则不画小黑圆点。

2. 电气原理图的识读方法

1）主电路的识读步骤。第一步看主电路中消耗电能的电器或电气设备，如电动机、电热器等；第二步搞清楚用什么电器元件控制用电器，如开关、接触器、继电器等；第三步看主电路上还接有哪些保护电器，如熔断器、热继电器等；第四步看电源，了解电源的电压等级。

2）控制电路的识读步骤。第一步看电源，首先看清电源的种类，其次看清控制电路的电源是从何处来；第二步搞清控制电路如何控制主电路，控制电路的每一分支路形成闭合回路则会控制主电路的电器元件动作，使主电路用电器接入或切除电源（怎样使电路形成闭合回路是十分关键的）；第三步寻找电器元件之间的相互联系；第四步再看其他电器元件构成的电路，如整流、照明电路等。

（二）电气接线图

电气接线图是一种用来表明电气设备各元件相对位置及接线方法的工程图样，它主要用于安装接线、电路检修和故障维修，特别在施工和检修中能够起到电气原理图所起不到的作用。

1. 电气接线图绘制原则

1）接线图通常需要与原理图、布置图（布置图是根据实际学习或生产环境而绘制）一起使用，相互参照。

2）应正确表示电器元件的相互连接关系及接线要求。

3）控制电路的外部连接应使用接线端子板 XT 引接，如图 4-15 所示。

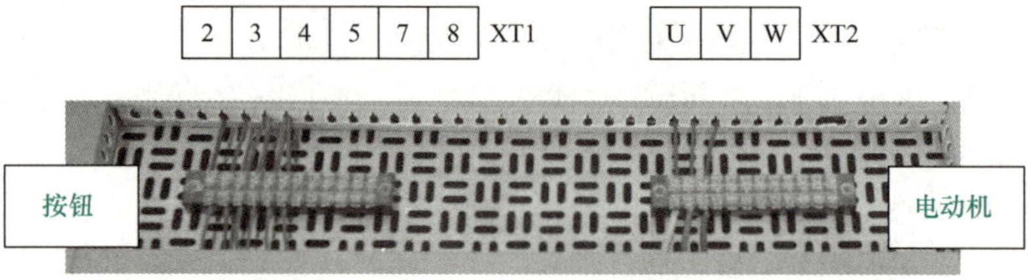

图 4-15　接线端子板 XT

4）应给出连接外部电气装置所用的导线、保护管和屏蔽方法，并注明所用导线及保护管的型号、规格及尺寸。

5）图中文字代号及接线端子编号应与原理图一致。

2. 绘制接线图步骤

根据电器的安装位置和原理图画出接线图，绘图步骤如下。

1）在原理图上标上线号（若电路简单，只标控制电路）。主电路的标号从 QS 出线开始标，三相用 U、V、W 表示，因三相电动机端标号是以 1 位数标的，如图 4-14 所示，所以主电路序号从 2 位数开始，如 U11、V11、W11，然后每经过一个元件，符号标号加 1。控制电路的标号从 FU2 开始标，其两点为 1、0，然后每经过一个元件，符号标号加 1，如图 4-14 所示。

2）画出各电器元件的安装布置图，如图 4-16 所示。

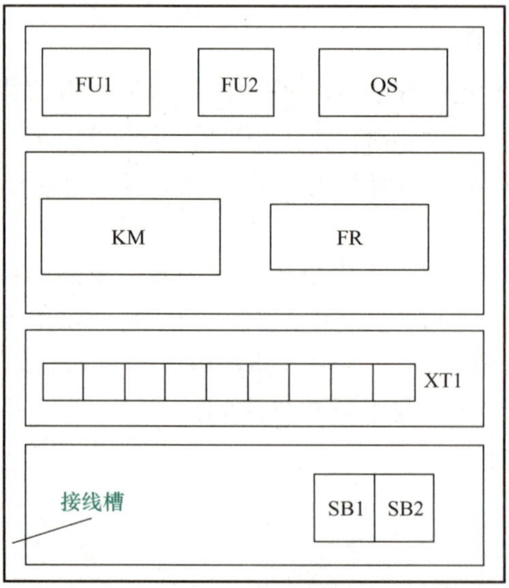

图 4-16　自锁控制电器布置图

3）根据原理图画出各电器元件所用到的元件符号，如图4-17所示。

4）根据原理图中标号大小顺序在接线图的各元件上分别标号，如图4-17所示。

5）标号相同则表示同一个线号点，需用导线连接。

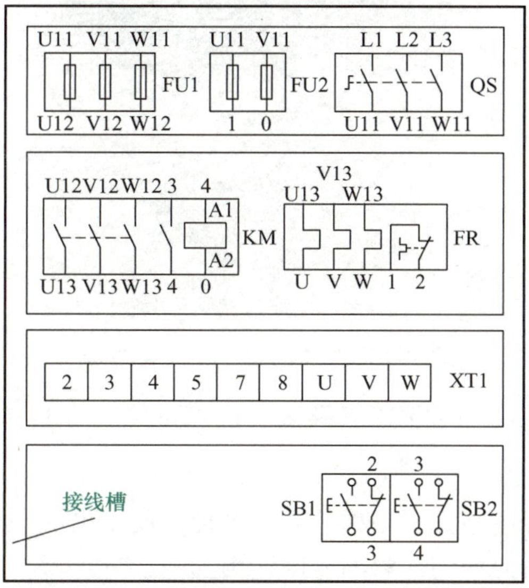

图4-17　自锁控制接线图

（三）电气控制电路安装接线的一般步骤与基本要求

1）认真分析电气原理图，要求明确电气电路的控制要求、工作原理、操作方法、结构特点及所用电器元件的规格。

2）绘制电器布置图和接线图，要求符合电气制图的基本原则。

3）按照要求选择电器元件并按电器元件的安装要求安装。

4）按照接线图和原理图布线，以“先控后主”的顺序完成。但值得注意的是CJX2－09型接触器，如果先接控制电路，后接主电路会导致接主触点时螺钉旋具无法很好地拧主触点螺栓。因此，学者可以根据自身情况选择电路的装接顺序，如图4-18所示。

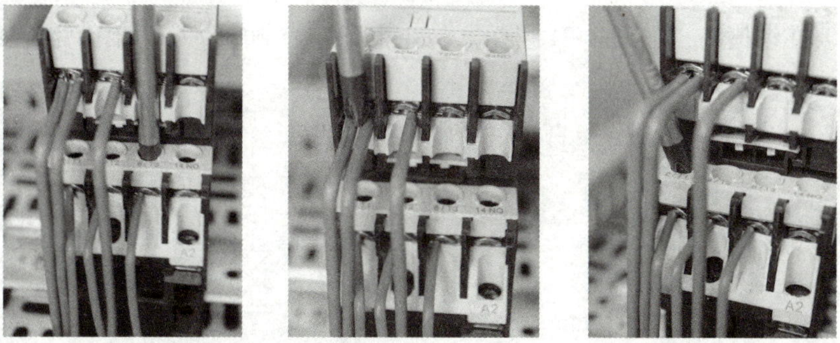

a)　b)　c)

图4-18　布线示意图

a）正确示意图　b）障碍示意图1　c）障碍示意图2

5）调整电器元件（如热继电器的整定电流、时间继电器的延时时间）。

6）认真检查电路，电动机是否漏接错接，电动机接线端如图 4-19 所示。

7）学生需经指导老师同意后方可通电试验。

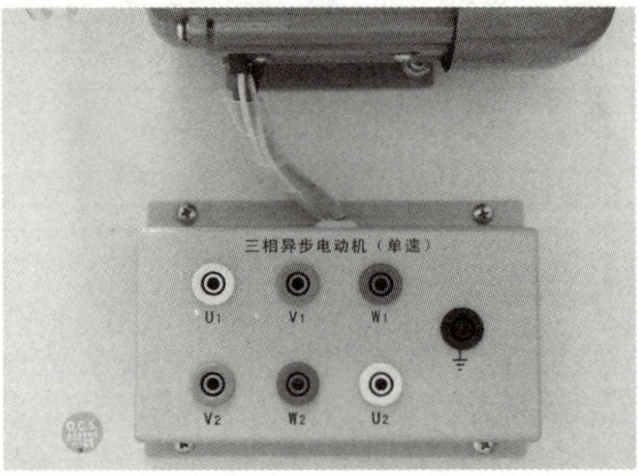

图 4-19　三相异步电动机接线端

（四）电气控制电路安装的主要工艺要求

1. 电器元件的安装

1）各元件的安装位置应整齐、匀称，间距合理以便于更换，如图 4-20 所示。

2）紧固各元件时应用力均匀，紧固程度适当。

图 4-20　电器元件安装示意图

2. 电路布线

1）走线要在线槽内，如图 4-21 所示。按主电路、控制电路分类集中完成接线。

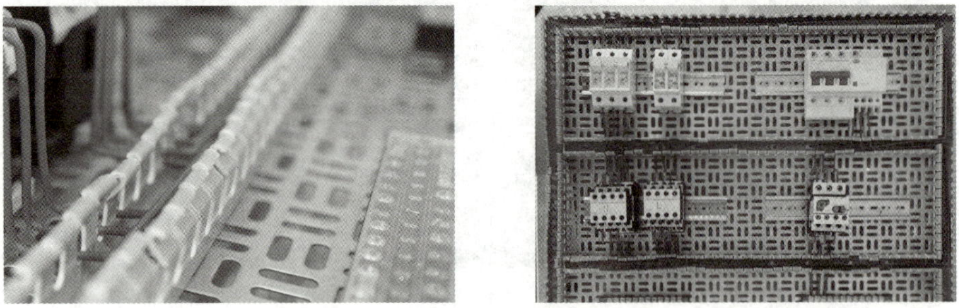

a)　　　　b)

图 4-21　布线示意图

a）线槽走线示意图　b）线槽走线俯视图

2）同一平面的导线应前后一致或高低一致，不能交叉，底部走线槽端可放低要求，如图 4-22 所示。

a)

b)

c)

d)

图 4-22　接线示意图

a）前后一致　b）相邻前后一致　c）高低一致　d）相邻高低一致

3）布线应横平竖直，接线高度、两电器接线端宽度以及前后距离应先测量好，在用尖嘴钳将导线弯折转成 90°，如图 4-23 所示。

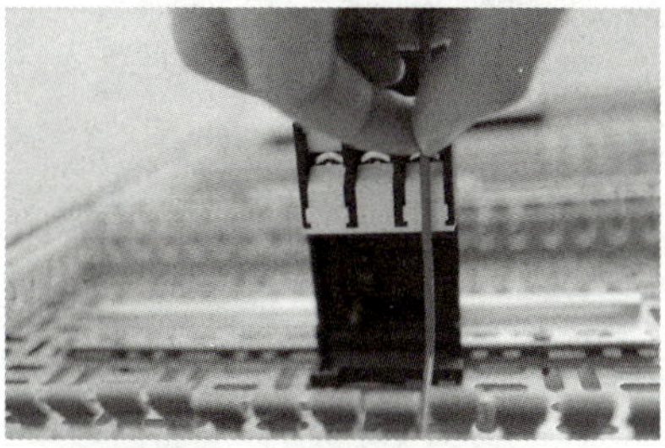

a)

b)

c)

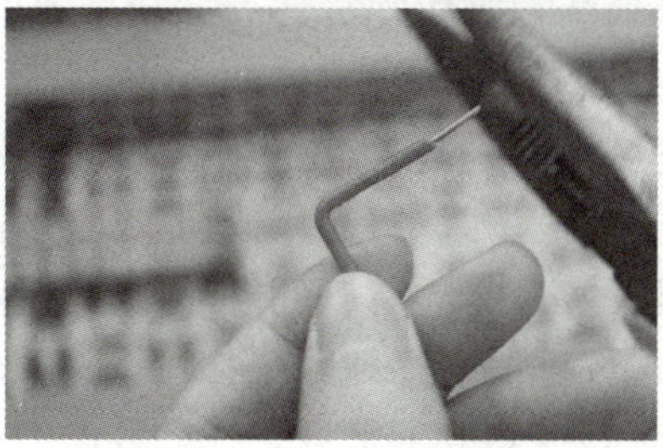

d)

图 4-23　布线示意图

a）测量高度　b）测量宽度　c）尖嘴钳加工　d）测量前后距离

4）导线与接线端子连接时，要求接触良好，应不压绝缘层、不反圈和不露铜，长软线需要压端子头，如遇压端子头太小或没有压端子头，可用电烙铁进行焊接操作，以加强连接处导电性能和线头强度，如图 4-24 所示。

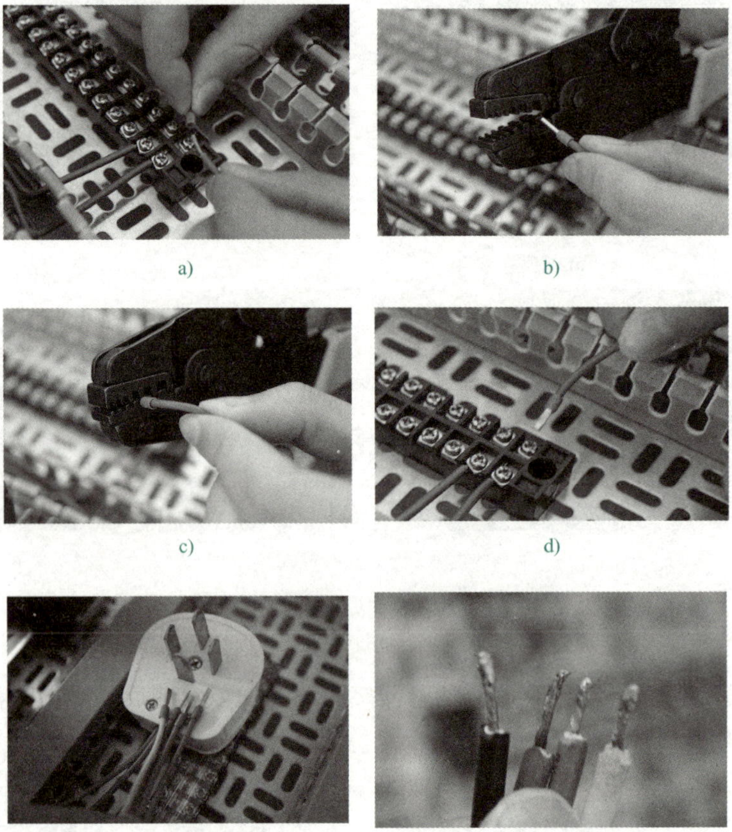

a) b) c) d) e) f)

图 4-24　线头处理示意图

a）套端子头　b）选择压口　c）夹紧　d）接线　e）插头处理　f）焊接处理

5）一个电器元件接线端子上的连接导线不得超过两根，每节接线端子板上的连接导线一般只允许连接一根。

6）布线时，严禁损伤导线线芯和导线绝缘。

7）如果电路简单可不套编码套管。

（五）电气控制电路故障的检修步骤和方法

在实际工作或学习中，我们会遇到不同的电气故障。由于电气故障的产生原因多种多样，排除故障的方法及方式只能根据故障的具体情况而定，也没有什么严格的模式及方法，对部分维修人员来说会感到困难，在排除故障的过程中，往往会走不少弯路，甚至造成较大损失。作为一名维修电工来说，在遇到电气故障时，能准确查明故障原因，合理正确地排除故障，对提高劳动生产率、减少经济损失和安全生产都具有重大意义。

1. 电气故障种类

1）电源故障：缺电源、电压不稳、频率偏差、极性接反、相线和中性线接反、缺一相电源、相序改变和交直流混淆。

2）电路故障：断路、短路、短接、接地和接线错误。

3）设备和元件故障：过热烧毁、不能运行、电击和性能变差。

2. 电动机控制电路故障的检修步骤

1）观察故障现象。

2）根据故障现象依据原理图分析可能发生故障的部位或回路，尽可能地缩小故障范围。

3）根据故障部位或回路找出故障点。

4）根据故障点的不同情况采用正确的检修方法排除故障。

5）空载通电试验。

6）检修后性能观察。

电动机控制电路故障的检查

3. 电动机控制电路故障的检查和分析方法

（1）调查研究法

调查研究是设备检修的前奏，是故障分析的第一手资料。调查研究的正确、全面，对检修工作往往起到事半功倍的效果。调查研究的主要方法是问、闻、看、听、摸和拽。

1）问：询问设备使用者故障发生前的情形、异常现象、以往故障情况、故障前有否操作失误或某操作杆、按钮失灵或误动作等。如果是初次检修该设备，还应向使用者了解各操作机构的功能、控制关系、操作顺序等，为分析电气故障、迅速查找故障点提供依据。

2）闻：是否有绝缘漆、塑料、橡胶等过热、烧焦的刺鼻气味。

3）看：察看熔断器的熔体或熔丝是否熔断，触点是否烧熔或烧灼。如果再现故障（注意不能扩大故障），看接点间有无火花，有无断线现象，或者有无被损伤的导线，有无松动、变形、虚焊、焊点脱落及腐蚀生锈现象等。

4）听：电动机、继电器、控制变压器、电磁阀等电器的机械动作机构在运行或运动中是否有异常声音。

5）摸：切断电源，用手背（如果温度过高烫手，可本能地迅速缩回，避免烫伤）触摸电动机外壳、电器线圈等，判断其是否有明显的温升与局部过热现象。

6）拽：切断电源，轻拽导线是否松动。

（2）测量法

1）测量电压法：用万用表交流挡测量电源（量程可根据实际情况而定）、主电路线电压以及各接触器、继电器线圈和各控制电路两端的电压。若发现所测处电压与额定电压不相符（超过10%以上），则是故障可疑处。

2）测量电流法：用钳形电流表或交流电流表测量主电路及有关控制电路的工作电流。若所测电流值与设计电流值不符（超过10%以上），则该相电路是故障可疑处。

3）测量电阻法：断开电源后，用万用表欧姆挡测量有关部位电阻值。若所测电阻值与要求的电阻值相差较大，则该部位极有可能就是故障点。一般来讲，触头接通时，电阻值趋于“0”，断开时，电阻值“∞”；导线连接牢靠时，连接处的接触电阻亦趋近于“0”，连接处松脱时，电阻值则为“∞”；各种绕组（或线圈）的直流电阻值也很小，往往只有几欧至几百欧，而断开后的电阻值为“∞”。

4）测量绝缘电阻法：断开电源，用绝缘电阻表测量电器元件和线路对地以及相间绝缘值，电器绝缘层绝缘电阻应根据电压等级而确定。绝缘电阻值过小，是造成相线与地、相线与相线，相线与中性线之间漏电和短路的主要原因，若发现这种情况，应着重予以检查处理。

（3）其他诊断法

此外，还有逻辑分析法、试验法、对可疑对象进行重点检查、替换试探法、对比法、分段切割查找与逐级类推检查法等。

4. 故障排除

在确定故障点以后，无论是修复还是更换，排除故障相对电气维修人员来说，一般比查找故障要简单得多。而在排除故障中一般不可能只用单一的方法，往往多种方法综合运用。

1）在排除故障的过程中，应先动脑、后动手，正确分析可以起到事半功倍的效果。具体应遵循先外部后内部、先机械后电气、先静后动、先公用后专用、先简单后复杂、先一般后特殊的原则。需要注意的是，不要一遇到故障，拿起表就测，拿起工具就拆。要养成良好的分析、判断习惯，要做到每次测量均有明确的目的，即明确测量的结果能说明什么。在找出有故障点的组件后，应该进一步确定引起故障的根本原因。例如，当电路板内的一只晶体管被烧坏，单纯地更换一个晶体管是不够的，重要的是要查出被烧坏的原因，并采取补救和预防的措施。

2）一般情况下，以设备的动作顺序为排除故障时分析、检测的次序。以此为前提，先检查电源，再检查线路和负载；先检查公共回路再检查各分支回路；先检查主电路再检查控制电路；先检查容易检测的部分（如各控制柜），再检查不易检测的部分（如某一设备的控制器件）。如在电气保护线路中，如果检查发现热继电器动作，不但要使热继电器触点复位，而且要查出过载的原因；对熔体熔断，不但要换新的熔体，而且要查明熔体熔断的原因并处理，应向有关人员说明应注意的问题等。

任务实施

1）准备 1.5mm^2 的单股线芯、$16\ \text{mm}^2$ 的 7 股线芯并用不同的连接方法连接导线。

2）对完成连接的线头做绝缘层恢复。

3）在表 4-1 中绘制电路接线图，并填写表 4-1。

表 4-1　电路接线图的绘制

图纸名称		姓名	
		绘制时间	

4）完成自锁电路的装接。

5）指导老师在由学生完成的自锁控制电路板上设置两处故障点，由学生进行故障排除，并填写故障排除记录表，见表4-2。

表4-2　故障排除记录

故障现象	
故障原因	
故障处理	

任务评价（见表4-3）

表4-3　任务评价表

班　　级	姓　　名	日期	同　组　人	工　　时	得　　分
序　　号	考 核 项 目	配分	评 分 标 准	扣　　分	备　　注
1	元件安装	30	1. 元件布置不整齐、不均匀、不合理，每只扣1分 2. 损坏元件，每只扣2分		
2	布线	30	1. 不按电路图接线，扣2分 2. 布线不进线槽，每根扣0.5分 3. 接点松动、露铜过长、反圈、压绝缘层，每处扣0.5分 4. 损伤导线绝缘，每根扣0.5分		
3	通电试验	20	1. 未经指导老师允许通电，扣5分 2. 一次试车不成功扣5分		
4	安全文明生产	20	1. 违反安全文明生产考核要求的任何一项，扣2分 2. 有重大人身事故隐患时，要立即予以制止，扣2～10分		
得分	收获与体会				

课后作业

1）完成实训报告单的填写。

2）把学习成果拍成照片或录成视频，通过微博或微信平台分享给朋友、同学和父母，并附上收获与体会。

任务2　双重联锁正、反转控制电路的安装、调试与排故

任务描述

三相异步电动机双重联锁正、反转控制电路主要通过按钮与接触器互锁控制电动机的正、反转，实现电动机的正、反转运行。实物图如图4-25所示。

任务目标：

1）明确电路图所用电器元件的作用，分析电路的工作原理。

2）掌握电路的工作原理，明确自锁控制与联锁控制原理。

3）能根据电动机的功率来选配所用电器元件的型号规格，检验选配电器元件的质量及热继电器整定值。

4）掌握布置图和接线图的画法，理解布线的工艺标准。

5）掌握通电试车的程序要求，并且能根据故障现象查找故障并修复。

图4-25　三相异步电动机双重联锁正、反转控制电路实物

任务准备

三相异步电动机双重联锁正、反转控制电路原理图如图4-26所示。这个电路把接触器联锁和按钮联锁两个控制电路的优点结合起来，可不按停止按钮而直接按反转按钮改变电动机的转动方向，当接触器发生熔焊等故障时又不会发生电源的相间短路，从而达到了双重保护的目的。

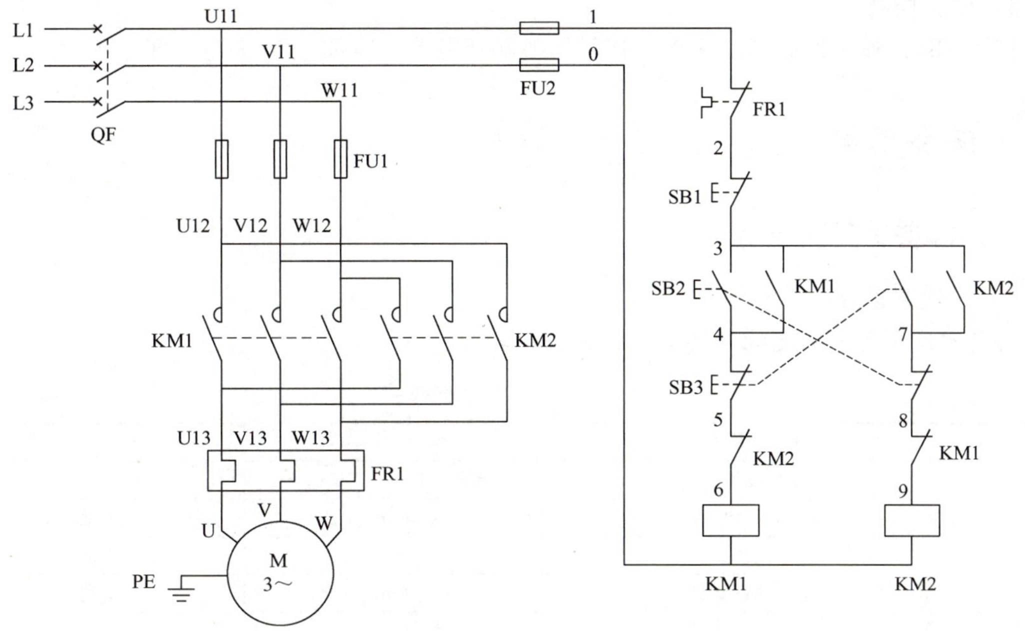

图 4-26　三相异步电动机双重联锁正、反转控制电路原理图

工作原理如下：

1）正转控制。

按下SB2 → SB2动断触点先断开(对KM2实现互锁)
　　　　 → SB2动合触点闭合 → KM1线圈得电 →
　　→ KM1辅助动合触点闭合(实现自锁) → 电动机M起动连续正转
　　→ KM1主触点闭合
　　→ KM1辅助动断触点断开(对KM2实现联锁)

2）反转控制。

按下SB3 → SB3动断触点断开 → KM1线圈失电 → KM1自锁触点复位
　　　　　　　　　　　　　　　　　　　　 → KM1主触点断开 → 电动机M停止正转
　　　　　　　　　　　　　　　　　　　　 → KM1互锁触点复位 → KM2线圈得电 →
　　　　 → SB3动合触点闭合 ↗
　　→ KM2动合触点闭合(实现自锁) → 电动机M起动连续反转
　　→ KM2主触点闭合
　　→ KM2动断触点断开(对KM1实现互锁)

3）停止控制。

按下 SB1，整个控制电路失电，接触器各触点复位，电动机 M 失电停转。

任务实施

一、准备工具和器材

（一）安装工具

准备本次任务所需要的常用工具，见表 4-4。

表 4-4　常用工具表

序号	工具名称	型号规格	数　量
1	尖嘴钳	6in（1in = 25.4mm）	1 把
2	斜口钳	6in	1 把
3	剥线钳	6in	1 把
4	十字螺钉旋具	6in	1 把
5	一字螺钉旋具	6in	1 把
6	压线钳	压管型	1 把
7	电烙铁	40W	1 把
8	万用表	数字式或指针式	1 台

（二）器材

准备本次任务所需要的器材，见表 4-5。

表 4-5　所需器材表

序号	器件名称	型号规格	数　量
1	断路器	DZ47LE—32—3P + N	1 个
2	熔断器	RT18—32	5 个
3	接触器	CJX2—09	2 个
4	热继电器	NR2—25	1 个
5	复合按钮（红）	LA38—11	2 个
6	复合按钮（绿）	LA38—11	2 个
7	按钮盒	三位	1 个
8	三相异步电动机	小功率	1 台
9	三相电源插头	三相四线制	1 个
10	接线端子	TB 系列	2 条
11	网孔板	60cm × 50cm	1 块
12	导轨	C45 U 型导轨	若干
13	单股铜芯线（红和绿）	1.5mm^2	若干
14	接地线	1.5mm^2	若干
15	软导线（红和绿）	0.5mm^2	若干

（续）

序号	器件名称	型号规格	数　量
16	固定螺钉	M 系列	若干
17	线槽及线槽盖	PVC 阻燃 U 型	若干
18	管型端子头	E 系列	若干
19	焊锡	1.0mm^2	若干

二、环境要求与安全要求

（一）环境要求

1）带剩余电流保护的三相交流电源。

2）安装平台不允许放置其他器件、工具与杂物，要保持整洁。

3）在操作过程中，工具与元器件不得乱摆乱放，注意规范；在网孔板上安装元器件时，要注意前后、上下位置。

4）操作结束后，首先关闭控制台的电源，然后要将工位整理好，收拾好器材与工具，清理台面和地上的杂物。

（二）安装与工艺要求

1）正确选用连接导线，主、控电路导线颜色选用要分明。

2）电路各连接点要可靠、牢固，不能露铜。

3）进、出线槽的导线要有端子标号。

4）同一接线端子的连接导线不能超过两根。

5）软导线必须从接线端子上引接。

（三）安装过程的安全要求

安装过程必须做到“安全第一”，具体要遵守以下要求。

1）正确使用螺钉旋具、尖嘴钳、剥线钳，防止在操作过程中出现安全事故。

2）安装时，不得用工具敲击安装器件，以防造成器材或工具的损坏。

3）电动机必须可靠接地。

4）正确连接电源，同时接好地线，用万用表检测好之后才能通电。

5）使用仪表带电测量时，一定要按照仪表使用的安全规程进行。

6）通电试车前必须自检，初验后经指导老师同意并在指导老师的监护下通电试验。

三、接线图

三相异步电动机双重联锁正、反转控制电气接线图，如图 4-27 所示。

联锁正反转控制电路通电试车

四、安装步骤与调试

（一）安装步骤

1）识读控制电路，明确电路所用电器元件及作用，熟悉电路基本原理。

2）按电器元件明细表配齐所用电器元件，并进行检验。

3）在控制板上按电路接线图安装电器元件，并贴上醒目的文字符号，如图 4-28 所示。

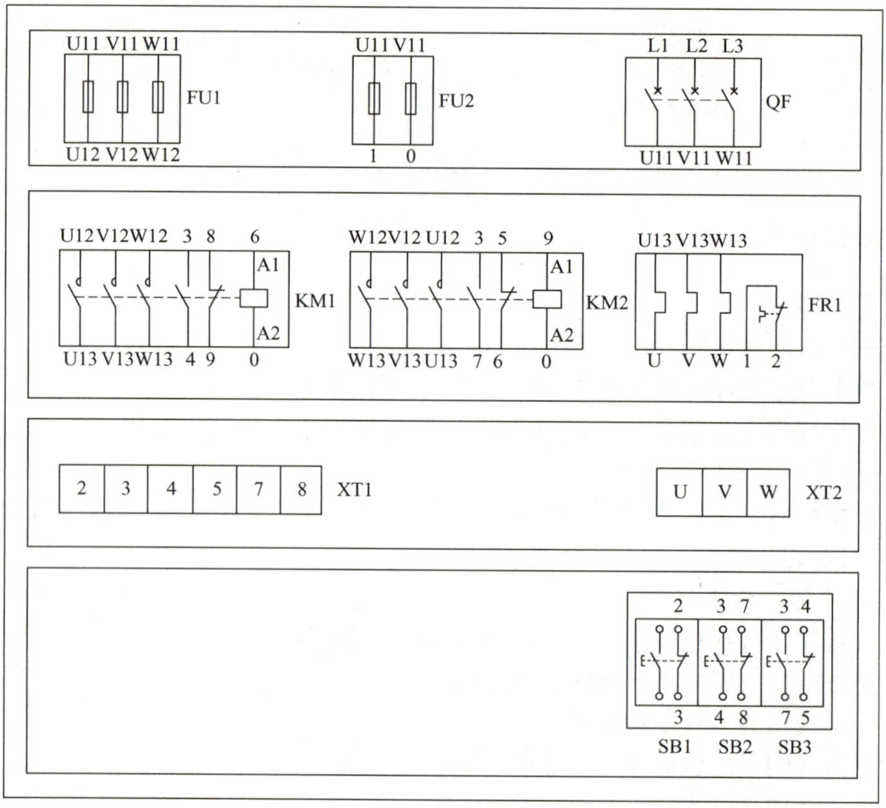

图 4-27　三相异步电动机双重联锁正、反转控制电气接线图

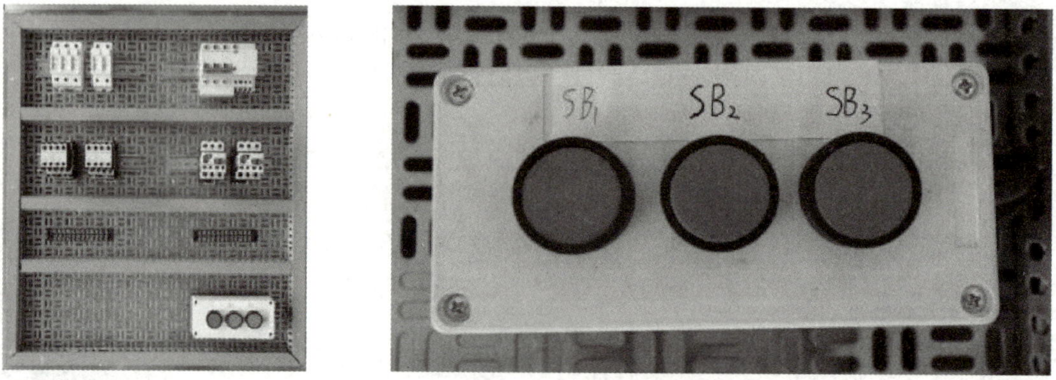

图 4-28　电器元件安装示意图

4）按接线图进行布线和标号，按钮要做好防尘、防水处理，内部接线要牢固可靠，如图 4-29所示。

5）连接电动机和控制板金属外壳的保护接地线，如图 4-30 所示。

6）根据电气原理图检查控制板布线是否正确。

7）根据控制原理进行调试。

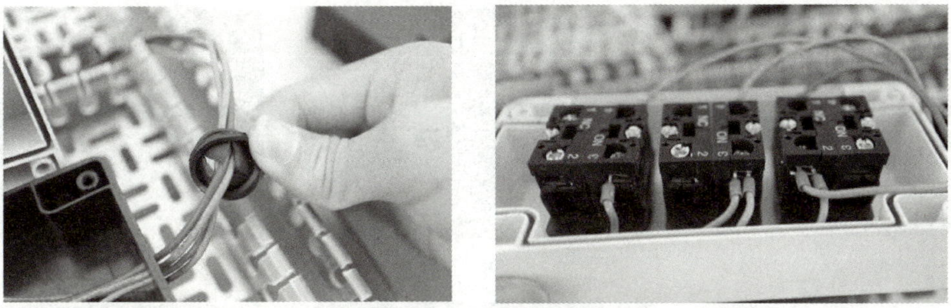

a) b)

图 4-29 按钮布线示意图

a）防尘、防水圈 b）内部接线

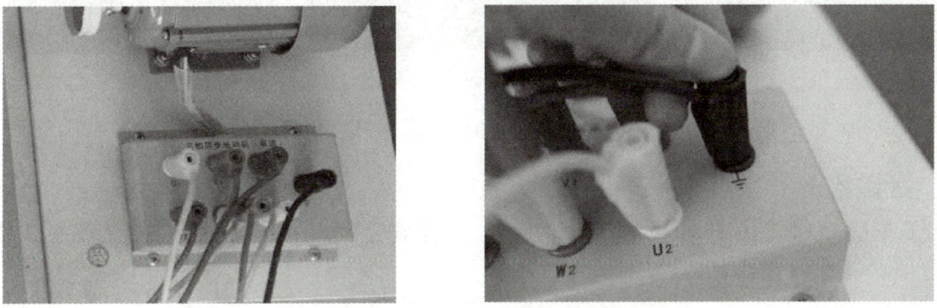

图 4-30 连接保护接地线

（二）调试

1）自检。按电路图或接线图从电源端开始，逐端核对接线及接线端子处线号是否正确、有无漏接和错接之处。同时用万用表检查电路的通断情况，见表 4-6 和图 4-31。

表 4-6 通电前自检

序号	状 态	测 量 点	数 据
1	闭合 QS	L1、L2	∞
3	按下 SB3	L1、L2	KM2 线圈阻值
4	用螺钉旋具按住 KM1	0、1	KM1 线圈阻值
5	用螺钉旋具按住 KM2	0、1	KM2 线圈阻值
6	同时按住 SB2、SB3	0、1	∞

2）交验。经指导老师检查无误后方可通电试车。

3）通电试车。

起动：接好电源，合上 QF，按下 SB2，看电动机 M 是否正转，再按下 SB3，电动机 M 是否切换为反转，接着按下 SB2，电动机 M 是否切换为正转。

停止：按下 SB1，系统停车。观察并记录电动机和接触器的运行情况。

4）试车完毕应先断开电源开关 QF，后拔下三相电源插头。

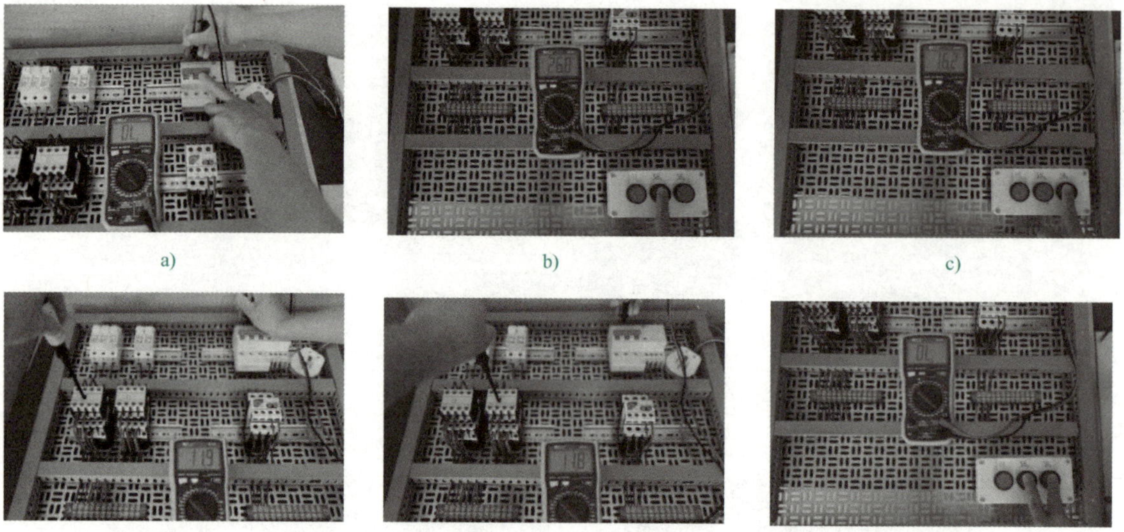

a) b) c)

d) e) f)

图 4-31 通电前自检图

（三）故障检修

通电试车成功后，由老师设置 3 个故障点，在规定时间内排除并记录于表 4-7 中。

表 4-7 故障分析表

故障现象	
故障原因	
故障处理	

任务评价（见表 4-8）

表 4-8 任务评价表

班　　级	姓　　名	日期	同　组　人	工　　时	得　　分
序　　号	考 核 项 目	配分	评 分 标 准	扣　　分	备　　注
1	元器件安装	30	1. 元器件布置不整齐、不均匀、不合理，每只扣 1 分 2. 损坏元器件，每只扣 2 分		
2	布线	30	1. 如不按电路图接线，扣 2 分 2. 布线不进入线槽，每根扣 0.5 分 3. 接点松动、露铜过长、反圈、压绝缘层，每处扣 0.5 分 4. 损伤导线绝缘，每根扣 0.5 分		

（续）

序　　号	考 核 项 目		配分	评 分 标 准	扣　　分	备　　注
3	通电试验		20	1. 未经指导老师允许通电，扣5分 2. 一次试车不成功扣5分		
4	安全文明生产		20	1. 违反安全文明生产考核要求的任何一项，扣2分 2. 有重大人身事故隐患时，要立即予以制止，扣2～10分		
得分		收获与体会				

课后作业

1）完成实训报告单的填写。

2）画出按钮与接触器双重联锁正、反转控制电路图与接线图，并写出工作原理流程图。

3）把学习成果拍成照片或录成视频，通过微博或微信平台分享给朋友、同学和父母，并附上收获与体会。

任务3　顺序起动、逆序停止控制电路的安装、调试与排故

任务描述

两台电动机顺序起动、逆序停止控制电路的主要控制要求是：M1 起动后，M2 才能起动；M2 停止后，M1 才能停止。电路实物如图4-32所示。

图4-32　两台电动机顺序起动、逆序停止控制电路实物

任务目标：

1）理解顺序起动、逆序停止电路的工作原理，明确电路所用电器元件的作用。

2）熟悉顺序起动、逆序停止电路的整体布局。

3）掌握顺序起动、逆序停止电路的接线安装技能。

4）掌握顺序起动、逆序停止电路的故障维修技能。

任务准备

如图 4-33 所示，两台电动机顺序起动、逆序停止控制电路的主要特点是：在控制电路 KM2 支路中串联了 KM1 辅助动合触点，在停止按钮 SB1 的两端并联了接触器 KM2 的辅助动合触点，从而实现了 M1 起动后，M2 才能起动；而 M2 停止后，M1 才能停止的控制要求，即 M1、M2 顺序起动、逆序停止，如图 4-34 所示。

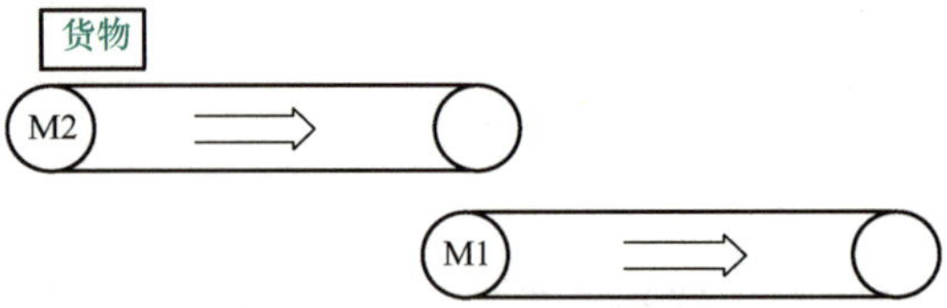

图 4-33　生产环境示意图

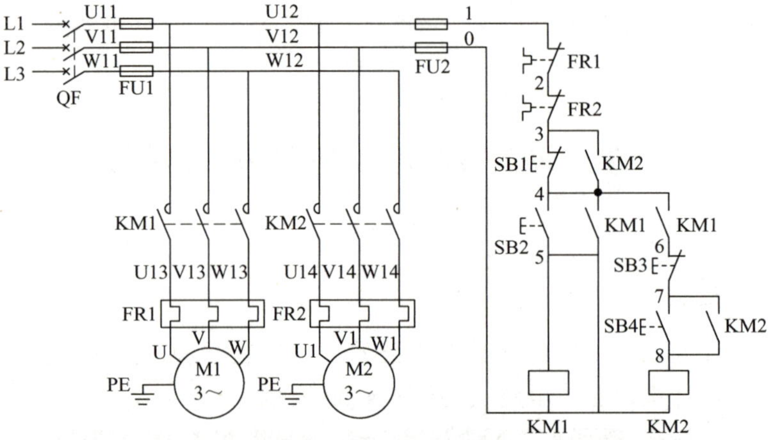

图 4-34　两台电动机顺序起动、逆序停止控制电路原理图

工作原理如下：

1）顺序起动。

按下按钮SB2 → SB2动合触点闭合 → KM1线圈得电 →
- → KM1自锁触点闭合(实现自锁) → 电动机M1起动连续动转
- → KM1主触点闭合 → 电动机M1起动连续动转
- → KM1联锁触点闭合(对KM2实现联锁) → 按下按钮SB4 →

→ KM2线圈得电 →
- → KM2自锁触点闭合(实现自锁) → 电动机M2起动连续动转
- → KM2主触点闭合 → 电动机M2起动连续动转
- → KM2联锁触点闭合(对KM1实现联锁)

2）逆序停止。

按下按钮SB3→SB3动断触点断开→KM2线圈失电→
- KM2自锁触点复位(解除自锁)
- KM2主触点复位→电动机M2停止运转
- KM2联锁触点复位(解除联锁)→按下SB1，KM1线圈失电→
  - KM1自锁触点复位(解除自锁)→电动机M1停止运转
  - KM1主触点复位
  - KM1联锁触点复位(解除联锁)

任务实施

一、准备工具和器材

（一）安装工具

准备本次任务所需要的常用工具，见表4-9。

表4-9　常用工具表

序号	工具名称	型号规格	数　量
1	尖嘴钳	6in	1把
2	斜口钳	6in	1把
3	剥线钳	6in	1把
4	十字螺钉旋具	6in	1把
5	一字螺钉旋具	6in	1把
6	压线钳	压管型	1把
7	电烙铁	40W	1把
8	万用表	数字式或指针式	1台

（二）器材

准备本次任务所需要的器材，见表4-10。

表4-10　所需器材表

序号	器件名称	型号规格	数　量
1	断路器	DZ47LE—32—3P + N	1个
2	熔断器	RT18—32	5个
3	接触器	CJX2—09	2个
4	热继电器	NR2—25	2个
5	复合按钮（红）	LA38—11	2个
6	复合按钮（绿）	LA38—11	2个
7	按钮盒	四位	1个
8	三相异步电动机	小功率	2台
9	三相电源插头	三相四线制	1个
10	接线端子	TB系列	2条

（续）

序号	器件名称	型号规格	数量
11	网孔板	60cm×50cm	1块
12	导轨	C45 U型导轨	若干
13	单股铜芯线（红和绿）	1.5mm^2	若干
14	接地线	1.5mm^2	若干
15	软导线（红和绿）	0.5mm^2	若干
16	固定螺钉	M系列	若干
17	线槽及线槽盖	PVC阻燃U型	若干
18	管型端子头	E系列	若干
19	焊锡	1.0mm^2	若干

二、环境要求与安全要求

（一）环境要求

1）带剩余电流保护的三相交流电源。

2）安装平台不允许放置其他器件、工具与杂物，要保持整洁。

3）在操作过程中，工具与器件不得乱摆乱放，注意规范；在网孔板上安装元件时，要注意前后、上下位置。

4）操作结束后，首先关闭控制台的电源然后要将工位整理好，收拾好器材与工具，清理台面和地上的杂物。

（二）安装与工艺要求

1）正确选用连接导线，主、控电路导线颜色选用要分明。

2）电路各连接点要可靠、牢固，不能露铜。

3）进、出线槽的导线要有端子标号。

4）同一接线端子的连接导线不能超过两根。

5）软导线必须从接线端子上引接。

（三）安装过程的安全要求

安装过程必须做到“安全第一”，具体要遵守以下要求。

1）正确使用螺钉旋具、尖嘴钳、剥线钳，防止在操作过程中出现安全事故。

2）安装时，不得用工具敲击安装器件，以防造成器材或工具的损坏。

3）电动机必须可靠接地。

4）正确连接电源，同时接好地线，用万用表检测好之后才能通电。

5）使用仪表带电测量时，一定要按照仪表使用的安全规程进行。

6）通电试车前必须自检，初验后经指导老师同意并在指导老师的监护下通电试验。

三、接线图

两台电动机顺序起动、逆序停止控制电气接线图，如图4-35所示。

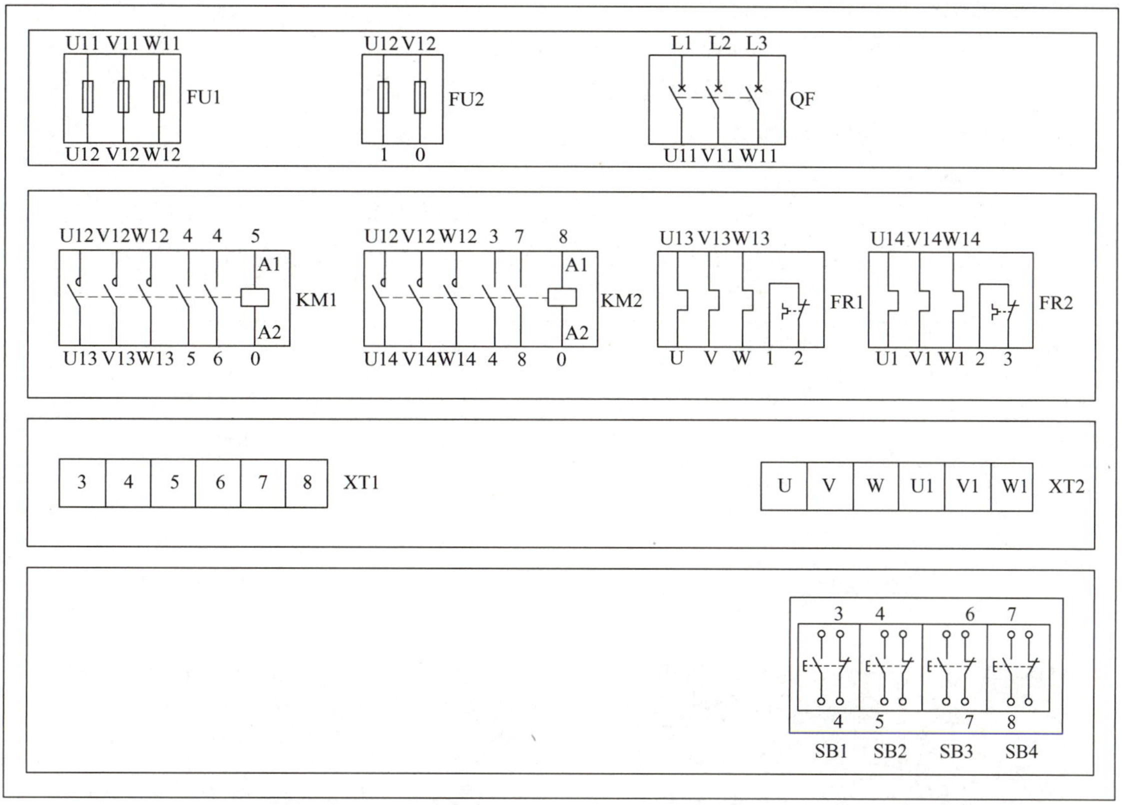

图 4-35　两台电动机顺序起动、逆序停止控制电气接线图

四、安装步骤与调试

（一）安装步骤

1）识读控制电路，明确电路所用电器元件及作用，熟悉电路基本原理。

2）按电器元件明细表配齐所用电器元件，并进行检验。

3）在控制板上按电路接线图安装电器元件，并贴上醒目的文字符号，如图 4-36 所示。

图 4-36　电器元件安装示意图

4）按接线图进行布线和标号。

5）连接电动机和控制板金属外壳的保护接地线。

6）根据电气原理图检查控制板布线是否正确。

7）根据控制原理进行调试。

（二）调试

1）自检。按电路图或接线图从电源端开始，逐端核对接线及接线端子处线号是否正确、有无漏接和错接之处。同时用万用表检查电路的通断情况，见表 4-11 和图 4-37。

表 4-11　通电前自检

序号	状　态	测　量　点	数　据
1	闭合 QF	L1、L2	∞
2	按下 SB2	L1、L2	KM1 线圈阻值
3	按下 SB4	L1、L2	∞
4	用螺钉旋具按住 KM2	0、1	∞
6	先用螺钉旋具按住 KM1，后按下 SB4	0、1	KM1、KM2 线圈并联后的阻值

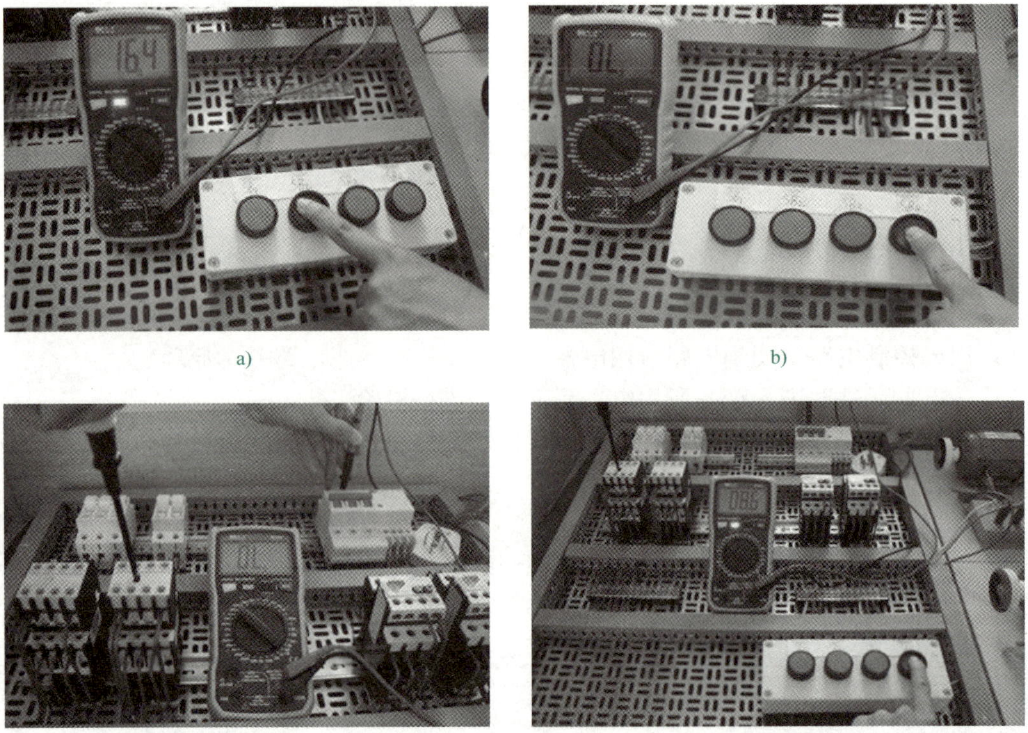

a)　b)　c)　d)

图 4-37　通电前自检图

2）交验。经指导老师检查无误后方可通电试车。

3）通电试车。

起动：接好电源，合上 QF，按下 SB2，看电动机 M1 是否运转，再按下 SB4，电动机

M2 是否运转。

停止：按下 SB3，看电动机 M2 是否停止运转，再按下 SB1，电动机 M1 是否停止运转。观察并记录电动机和接触器的运行情况。

4）试车完毕应先断开电源开关 QF，后拔下三相电源插头。

（三）故障检修

通电试车成功后，由老师设置 3 个故障点，在规定时间内排除并记录于表 4-12 中。

表 4-12　故障分析表

故障现象	
故障原因	
故障处理	

任务评价（见表 4-13）

表 4-13　评价表

班　级	姓　名	日期	同　组　人	工　时	得　分
序　号	考 核 项 目	配分	评 分 标 准	扣　分	备　注
1	元器件安装	30	1. 元器件布置不整齐、不均匀、不合理，每只扣 1 分 2. 损坏元器件，每只扣 2 分		
2	布线	30	1. 如不按电路图接线，扣 2 分 2. 布线不进入线槽，每根扣 0.5 分 3. 接点松动、露铜过长、反圈、压绝缘层，每处扣 0.5 分 4. 损伤导线绝缘，每根扣 0.5 分		
3	通电试验	20	1. 未经指导老师允许通电，扣 5 分 2. 一次试车不成功扣 5 分		
4	安全文明生产	20	1. 违反安全文明生产考核要求的任何一项，扣 2 分 2. 有重大人身事故隐患时，要立即予以制止，扣 2～10 分		
得分		收获与体会			

课后作业

1）完成实训报告单的填写。

2）画出两台电动机顺序起动、逆序停止控制电路图与接线图，并写出运行原理流程图。

3）把学习成果拍成照片或录成视频，通过微博或微信平台分享给朋友、同学和父母，并附上收获与体会。

任务4　自动往返控制电路的安装、调试与排故

任务描述

要实现通过行程开关控制工作台自动往返循环工作控制电路，首先要根据实际需要选择合适的电动机与相关电器元件，进行安装、调试与排放，电路实物如图4-38所示。

任务目标：

1）明确电路所用电器元件的作用，分析电路的工作原理。

2）熟悉自动往返控制电路的整体布局。

3）掌握自动往返控制电路的接线安装技能。

4）掌握自动往返控制电路的故障维修技能。

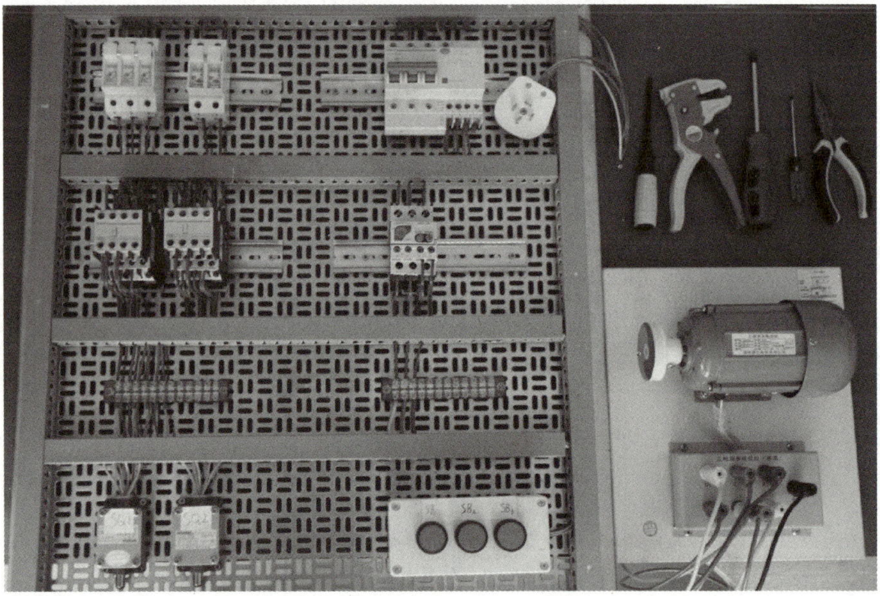

图4-38　自动往返控制电路实物

任务准备

自动往返控制电路原理图如图4-39所示。这个电路把接触器联锁和行程开关的特点结合起来，生产环境示意图如图4-40所示。只要按下起动按钮，就能实现自动往返工作，按下停止按钮即可停止工作。

工作原理如下：

合上电源开关 QS，在主电路中，接触器 KM1 主触点闭合时电动机正转，接触器主触点 KM2 闭合时电动机反转。热继电器的热元件串联在电动机电路中。按下按钮 SB2，接触器 KM1 电磁线圈通电，KM1 主触点闭合，电动机正转，带动向前运动；KM1 动断辅助触点断开，实现对 KM2 的联锁，KM1 动合辅助触点闭合，实现自锁。当工作台到达向前的预定位置时，压下行程开关 SQ1，使 SQ1-1 断开，接触器 KM1 电磁线圈断电，其主触点断开，辅助触点复位，电动机停止转动；同时 SQ1-2 闭合，接触器 KM2 电磁线圈通电，其主触点闭合，电动机反转带动工作台向后运动；KM2 动断辅助触点断开，实现对 KM1 的联锁，动合辅助触点闭合，实现自锁。当工作台向后运动时，松开行程开关 SQ1，使 SQ1-1 恢复闭合，SQ1-2 恢复断开；当工作台向后运动到达向后的预定位置时，压下行程开关 SQ2，使 SQ2-1 断开，接触器 KM2 电磁线圈断电，其主触点断开，电动机停止转动，辅助触点复位；同时，QS2-2 闭合，接触器 KM1 电磁线圈通电，其主触点闭合，电动机正转带动工作台向前运动；动合辅助触点闭合，实现自锁，动断辅助触点断开，实现对 KM1 的联锁。如此往返循环。

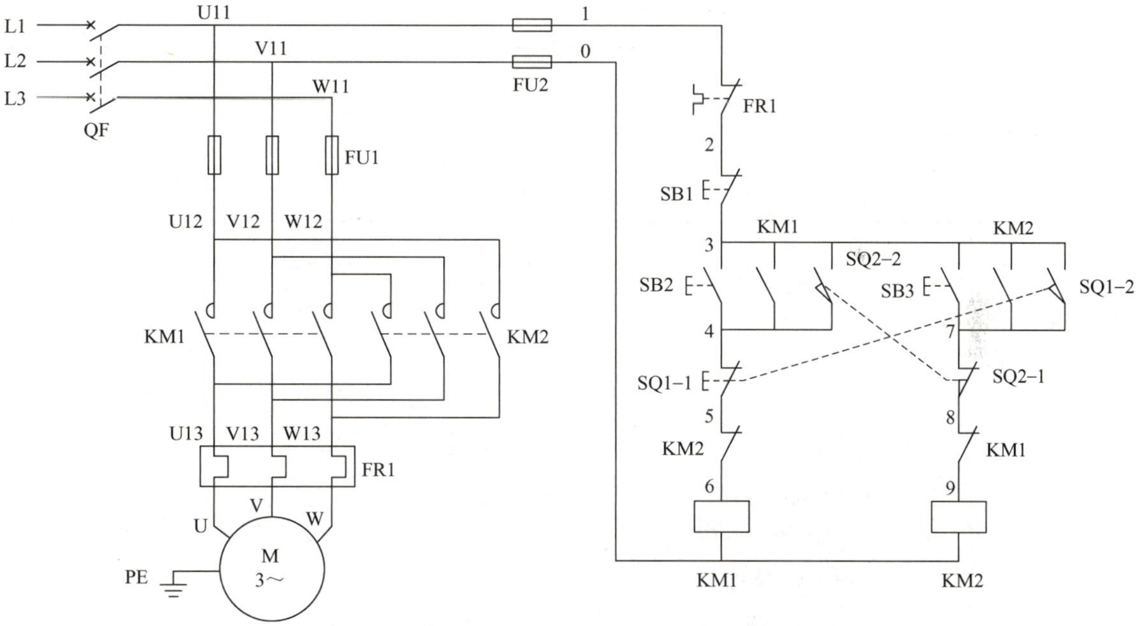

图 4-39　自动往返控制电路原理图

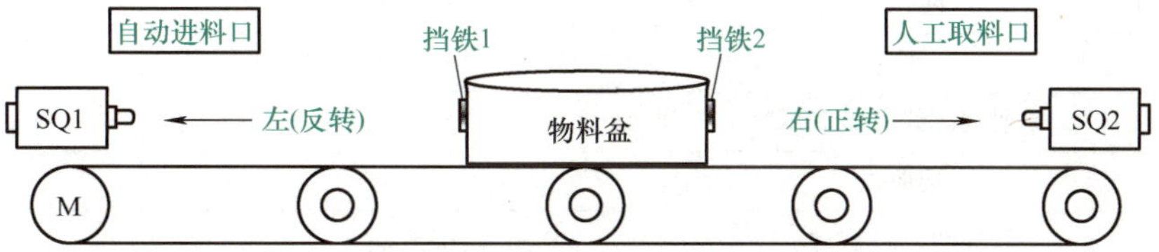

图 4-40　生产环境示意图

任务实施

一、准备工具和器材

（一）安装工具

准备本次任务所需要的常用工具，见表4-14。

表4-14 常用工具表

序号	工具名称	型号规格	数量
1	尖嘴钳	6in	1把
2	斜口钳	6in	1把
3	剥线钳	6in	1把
4	十字螺钉旋具	6in	1把
5	一字螺钉旋具	6in	1把
6	压线钳	压管型	1把
7	电烙铁	40W	1把
8	万用表	数字式或指针式	1台

（二）器材

准备本次任务所需要的器材，见表4-15。

表4-15 所需器材表

序号	器件名称	型号规格	数量
1	断路器	DZ47LE—32—3P+N	1个
2	熔断器	RT18—32	5个
3	接触器	CJX2—09	2个
4	热继电器	NR2—25	2个
5	复合按钮（红）	LA38—11	2个
6	复合按钮（绿）	LA38—11	2个
7	按钮盒	三位	1个
8	三相异步电动机	小功率	2台
9	三相电源插头	三相四线制	1个
10	接线端子	TB系列	2条
11	网孔板	60cm×50cm	1块
12	导轨	C45 U型导轨	若干
13	单股铜芯线（红和绿）	1.5mm²	若干
14	接地线	1.5mm²	若干
15	软导线（红和绿）	0.5mm²	若干
16	固定螺钉	M系列	若干

（续）

序号	器件名称	型号规格	数　量
17	线槽及线槽盖	PVC 阻燃 U 型	若干
18	管型端子头	E 系列	若干
19	焊锡	1.0mm^2	若干

二、环境要求与安全要求

（一）环境要求

1）带剩余电流保护的三相交流电源。

2）安装平台不允许放置其他器件、工具与杂物，要保持整洁。

3）在操作过程中，工具与元器件不得乱摆乱放，注意规范；在网孔板上安装元器件时，要注意前后、上下位置。

4）操作结束后，要将工位整理好，收拾好器材与工具，清理台面和地上的杂物，并关闭控制台的电源。

（二）安装与工艺要求

1）正确选用连接导线，主、控电路导线颜色选用要分明。

2）电路各连接点要可靠、牢固，不能露铜。

3）进、出线槽的导线要有端子标号。

4）同一接线端子的连接导线不能超过两根。

5）软导线必须从接线端子上引接。

（三）安装过程的安全要求

安装过程必须做到“安全第一”，具体要遵守以下要求。

1）正确使用螺钉旋具、尖嘴钳、剥线钳，防止在操作过程中出现安全事故。

2）安装时，不得用工具敲击安装器件，以防造成器材或工具的损坏。

3）电动机必须可靠接地。

4）正确连接电源，同时接好地线，用万用表检测好之后才能通电。

5）使用仪表带电测量时，一定要按照仪表使用的安全规程进行。

6）通电试车前必须自检，初验后经指导老师同意并在指导老师的监护下通电试验。

三、接线图

三相异步电动机双重联锁正反转控制电气接线图，如图 4-41 所示。

四、安装步骤与调试

（一）安装步骤

1）识读控制电路，明确电路所用电器元件及作用，熟悉电路基本原理。

2）按电器元件明细表配齐所用电器元件，并进行检验。

3）在控制板上按电气接线图安装电器元件，并贴上醒目的文字符号，如图 4-42 所示。

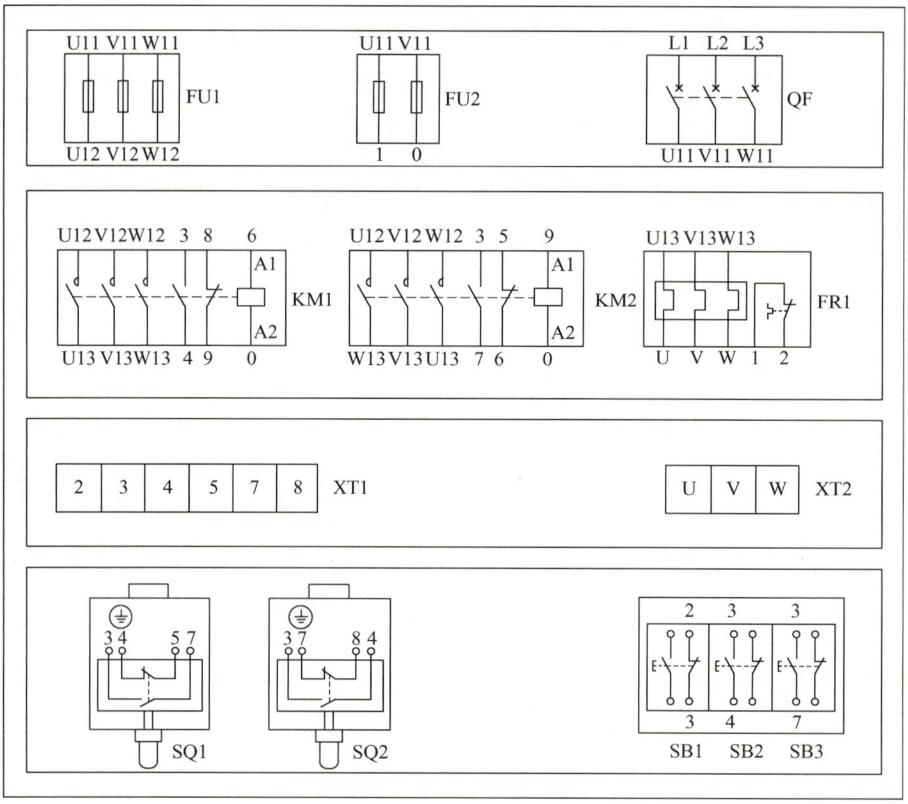

图 4-41 自动往返控制电气接线图

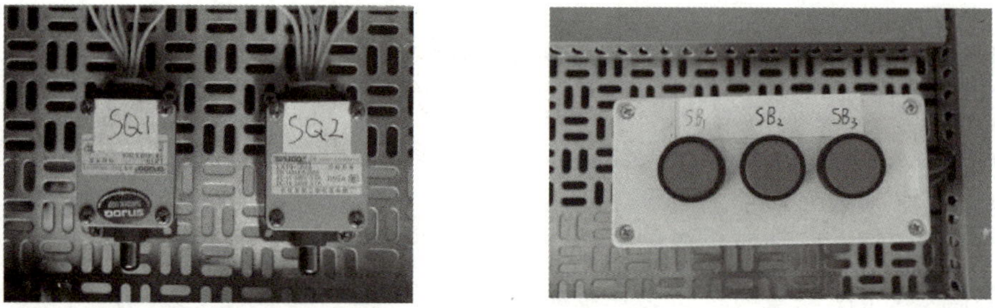

图 4-42 电器元件安装示意图

4）按接线图进行布线和标号，行程开关要做好防尘防水处理，内部接线要牢固可靠，如图 4-43 所示。

5）连接电动机和控制板金属外壳的保护接地线。

6）根据电气原理图检查控制板布线是否正确。

7）根据控制原理进行调试。

（二）调试

1）自检。按电路图或接线图从电源端开始，逐端核对接线及接线端子处线号是否正确、有无漏接和错接之处。同时用万用表检查电路的通断情况，见表 4-16 和图 4-44。

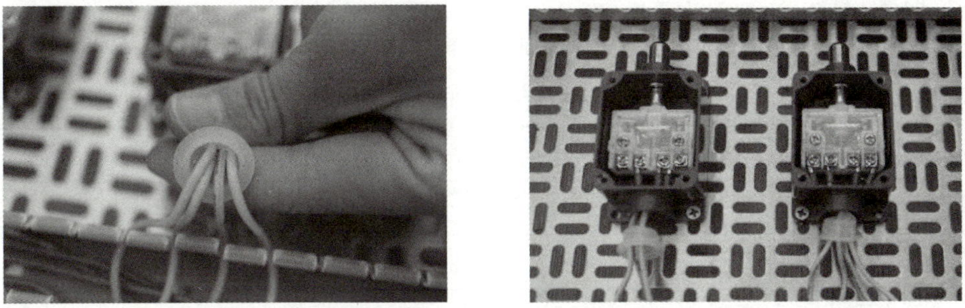

图 4-43　按钮布线示意图

表 4-16　通电前自检

序号	状　　态	测　量　点	数　　据
1	闭合 QS	L1、L2	∞
2	按下 SB2	L1、L2	KM1 线圈阻值
3	按住 SQ2	L1、L2	KM1 线圈阻值
4	按下 SB3	L1、L2	KM2 线圈阻值
5	按住 SQ1	L1、L2	KM2 线圈阻值
6	用螺钉旋具按住 KM1	0、1	KM1 线圈阻值
7	用螺钉旋具按住 KM2	0、1	KM2 线圈阻值
8	用螺钉旋具同时按住 KM1、KM2	0、1	∞

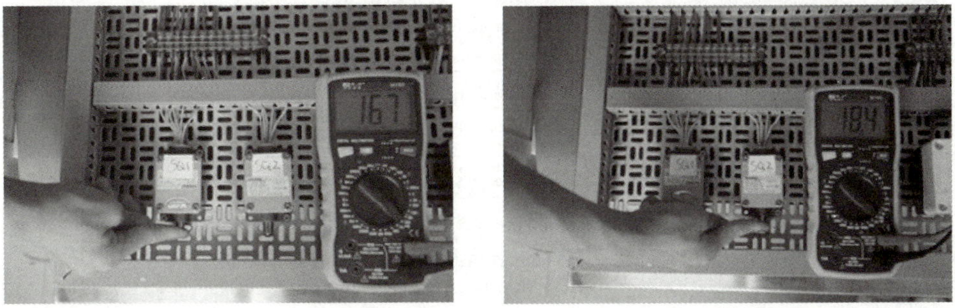

a)　　　　b)

图 4-44　通电前自检图

2）交验。经指导老师检查无误后方可通电试车。

3）通电试车。

起动：应先接好电源合上 QS，按下 SB2，看电动机是否正转，再按下 SB3，电动机是否切换为反转，接着按住 SQ1，电动机是否切换反转，在按住 SQ2，电动机是否切换正转。

停止：按下 SB1，系统停车。观察并记录电动机和接触器的运行情况。

4）试车完毕，切断电源 QS，后拔下三相电源插头。

（三）故障检修

通电试车成功后，由老师设置 3 个故障点，在规定时间内排除并记录于表 4-17 中。

表 4-17　故障分析表

故障现象	
故障原因	
故障处理	

任务评价（见表 4-18）

表 4-18　评价表

班　级	姓　名	日期	同　组　人	工　时	得　分
序　号	考 核 项 目	配分	评 分 标 准	扣　分	备　注
1	元器件安装	30	1. 元器件布置不整齐、不均匀、不合理，每只扣 1 分 2. 损坏元器件，每只扣 2 分		
2	布线	30	1. 如不按电路图接线，扣 2 分 2. 布线不进入线槽，每根扣 0.5 分 3. 接点松动、露铜过长、反圈、压绝缘层，每处扣 0.5 分 4. 损伤导线绝缘，每根扣 0.5 分		
3	通电试验	20	1. 未经指导老师允许通电，扣 5 分 2. 一次试车不成功扣 5 分		
4	安全文明生产	20	1. 违反安全文明生产考核要求的任何一项，扣 2 分 2. 有重大人身事故隐患时，要立即予以制止，扣 2～10 分		
得分		收获与体会			

课后作业

1）完成实训报告单的填写。

2）画出自动往返控制电路图与接线图，并写出运行原理流程图。

3）把学习成果拍成照片或录成视频，通过微博或微信平台分享给朋友、同学和父母，并附上收获与体会。

项目小结

在任务1电气控制电路装调基础中主要学习了维修电工常用工具的使用、导线的选用与连接方法。识读了电路图，明确了电路图中所用电器元件的作用及控制过程。掌握电器布置图和接线图的绘制方法，接线板的布置要求、方法及布线的工艺标准，并尝试安装布线，以模拟形式学习故障现象及排除方法。

在任务2～任务4中，通过三相异步电动机双重联锁正、反转控制电路、两台三相异步电动机顺序起动、逆序停止控制电路和三相异步电动机拖动工作台自动往返控制电路安装、调试与排故的学习，熟练装接技能、掌握自检的步骤和内容。通过电气控制电路的工作原理分析，正确通电试车，并且能根据故障现象查找故障点，并合理排除故障。

习　　题

一、填空题

1. 导线接头的机械强度应不小于导线机械强度的________，导线接头的绝缘层强度应与导线的绝缘强度________。

2. 电子电工专业中的焊接指的是________。

3. 原理图一般分为________、________、________、________和________。

4. 原理图中，各电器触点位置按电路________或________时的常态位置画出，各电器元件不画实际的________图，而采用国标所规定的________和________。

5. 电气接线图是一种用来表明电气设备各元器件相对位置及接线方法的工程图样，它主要用于________、________和________。

6. 安装过程必须做到“________第一”。

7. 电动机必须可靠________。

8. 通电试车前必须________，初验后经指导老师同意并在指导老师的监护下通电试验。

9. 自检时，按电路图或接线图从________开始，逐端核对接线及接线端子处线号是否正确、有________和________之处。同时用万用表检查电路的通断情况。

10. 试车完毕，先切断________，后拔下三相电源插头。

二、选择题

1. 对于截面积不大于（　　）的塑料硬线绝缘层的剥削，一般用钢丝钳或尖嘴钳进行处理。

A. $4mm^2$　　B. $2mm^2$　　C. $6mm^2$　　D. $1.5mm^2$

2. 对于芯线截面积大于（　　）的塑料硬线，可用电工刀来剥削绝缘层。

A. $1.5mm^2$　　B. $4mm^2$　　C. $2mm^2$　　D. $3mm^2$

3. 导线连接头应接触紧密，接头电阻小，稳定性好。与同长度同截面积导线的电阻比应不大于（　　）。

A. 1　　B. 2　　C. 3　　D. 4

4. 图4-45中的两个小黑点表示的意思是（　　）。

A. 表示交叉导线断了　　B. 表示参考点

C. 表示交叉导线连接点　　D. 表示接地

5. 图4-45中的FU1是（　　）。

A. 电阻　　B. 熔体　　C. 线圈　　D. 熔断器

6. 图4-45中的PE是（　　）。

A. 保护接地线　　B. 接地端　　C. 相线　　D. 中性线

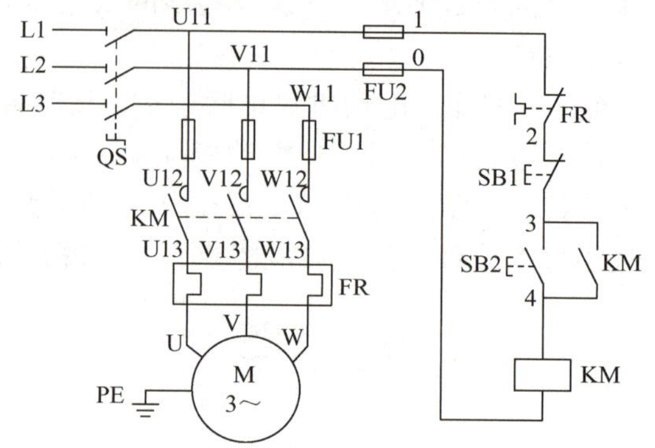

图4-45　题6图

7. 图4-46中的A1和A2是（　　）。

A. KM线圈的进线端与出线端　　B. KM触点的进线端与出线端

C. 接触器KM的电阻　　D. 接触器KM的熔丝

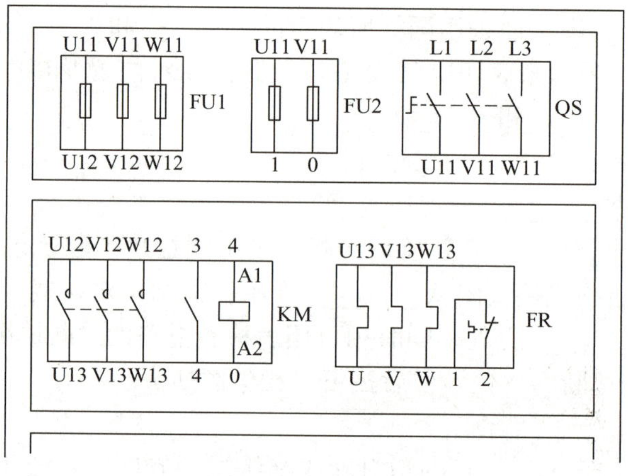

图4-46　题7图

8. 电路装接完成后，学生需经（　　）同意后方可通电试验。

A. 同学　　B. 非本专业成人　　C. 指导老师　　D. 其他

9. 同一接线端子的连接导线不能超过（　　）根。

A. 一　　B. 两　　C. 三　　D. 四

10. 使用仪表带电测量时，一定要按照仪表使用的（　　）进行。

A. 顺序　　B. 范围　　C. 方法　　D. 安全规程

三、判断题

1. 塑料软线绝缘层剥削除用剥线钳外，仍可用尖嘴钳直接剥削截面为4mm²及以下的导

线。(　　)

2. 电气接线图是一种用来表明电气设备各元器件相对位置及接线方法的工程图样。(　　)

3. 各元器件的安装位置无需整齐、匀称，以便于更换。(　　)

4. 布线应横平竖直，接线高度、两电器接线端宽度以及前后距离应先测量好，再用尖嘴钳将导线弯折转成 90°。(　　)

5. 排故时，为了方便可以带电操作。(　　)

6. 电路安装完成后可以立即通电。(　　)

7. 操作结束后，因将工位整理好，收拾好器材与工具，清理台面和地上的杂物，并关闭控制台的电源。(　　)

8. 电路各连接点要可靠、牢固，不能露铜。(　　)

9. 软导线可以从接线端子上引接，也可以不从接线端子上引接。(　　)

10. 连接电源后，用万用表检测好之后才能通电。(　　)

四、简答题

1. 电动机控制电路故障的检修步骤是怎样的？

2. 安装过程的安全要求是什么？

3. 电路调试的步骤及注意事项是什么？

课堂拓展

电力拖动控制线路辅助电路接线顺口溜

以接触器、按钮双重联锁正反转控制线路为例，编写安装接线顺口溜：

布线排列有规律，安装之前要画图，按照电路来标号；

上为进线下为出，平行接点从右进，垂直接点从上进；

在下位置线布下，从左到右依次上，接口架空不交叉；

N 点 N－1 条线，电阻测量来判断，两相为零不通电。

项目5

常用电子元器件的识别与检测

项目目标

1）掌握电阻器、电容器、二极管、晶体管等元器件的识别和检测方法。
2）掌握三端集成稳压器、扬声器和电源变压器的识别和检测方法。
3）掌握集成电路的识别和检测方法。

项目描述

常用电子元器件的识读与检测是制造电子产品过程中一个极其重要的环节，是学习无线电装配必备的一项技术。

本项目主要介绍电阻器、电容器、二极管、晶体管、单结晶体管、晶闸管、集成电路及其他元器件的识别与检测。通过学习实践，掌握常用电子元器件的识读与检测为电路装配打下良好基础。

任务1　电阻器的识别与检测

任务描述

通过本任务的学习和实践操作，熟悉电阻器的符号、分类、用途、主要参数等知识，会用色标法直接读取电阻器阻值和精度，会正确使用万用表检测电阻器的大小及性能。

提供器材：色环电阻器板若干块、不同色环电阻器各10只、电位器若干、万用表。

完成下列任务：

1）制作色环电阻器。
2）根据色环电阻器写出阻值。
3）用万用表测量电阻器。
4）电位器的识别与检测。

任务准备

一、常用电阻器

电阻器通常被称为电阻，在电路中起分压、分流和限流等作用。随着电子技术的不断发展，电阻器的品种日益增多。常用电阻器可分为固定电阻器、可变电阻器（电位器）和敏感电阻器等。

1. 固定电阻器

按制作材料分：通常有碳膜电阻器、金属膜电阻器、绕线电阻器及水泥电阻器等。

按用途分：通用电阻器、高阻电阻器、高压电阻器、高频电阻器、熔断电阻器和精密电阻器等。

按外形结构分：管形电阻器、贴片电阻器、圆柱形电阻器和纽扣状电阻器等。

固定电阻器实物及电路符号如图 5-1 所示。

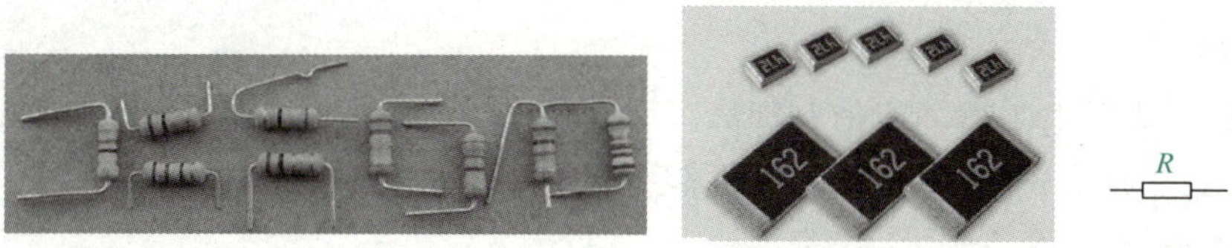

图 5-1　固定电阻器实物及电路符号

2. 可变电阻器

如图 5-2 所示，可变电阻器又称为电位器，例如，电子设备上的音量电位器。一般认为，可变电阻器都是可以被手动调节的，而实际上它们通常体积都较小，装在电路板上不经常被调节。可变电阻器有三个引脚，其中两个引脚之间的电阻值固定，并将该电阻值称为这个可变电阻的阻值。第三个引脚与任两个引脚间的电阻值可以随着轴臂的旋转而改变。

图 5-2　可变电阻器

3. 敏感电阻器

敏感电阻器通常又称为电阻式传感器，它是利用非电量（如温度、电压、湿度、光照、气体、磁场及压力等）的变化引起电路中电阻的变化，从而把不易测量的非电量转换为便于测量的电量。常见的有热敏电阻器、湿敏电阻器及光敏电阻器等，如图 5-3所示。

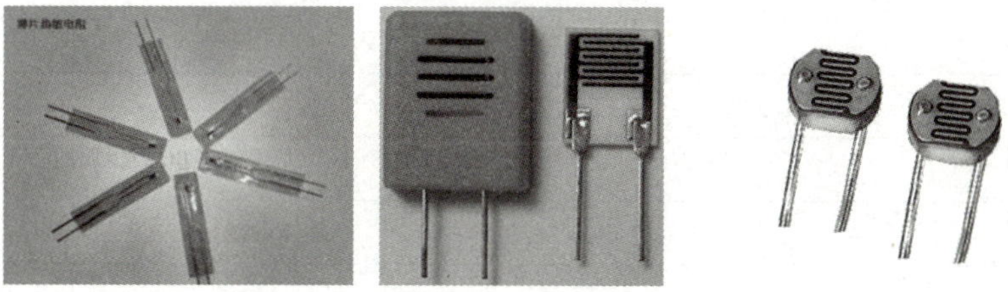

图 5-3　敏感电阻器

二、电阻器的主要参数

固定电阻器的主要参数有标称阻值、额定功率和允许误差，可变电阻器的主要参数除了这些以外，还有动态噪声和阻值变化的形式。

标称阻值是标识在电阻器表面上的电阻值；额定功率是指电阻器在产品标准规定的气压和温度下，长期连续工作而不损坏或基本不改变电阻器性能的情况下，电阻器上允许的消耗功率；允许误差是指电阻器的实际阻值对于标称阻值的最大允许偏差范围。

三、电阻器阻值的表示方法

1. 直标法

直接用数字表示电阻器的阻值和误差，如电阻器上印有“40k ±5%”，则该电阻器的标称阻值为 40kΩ，允许误差为 ±5%。若电阻上没有标出误差，则均为 ±20%。

2. 文字符号法

用阿拉伯数字和文字符号两者有规律地组合来表示电阻器的标称阻值和允许误差。如电阻器上标有“0. 25ΩJ”，则该电阻器的标称阻值为 0. 25Ω，“J”表示允许误差为 ±5%。

3. 色标法

色标法是用不同颜色的圆环或点在电阻器表面标出标称阻值和允许误差的方法，即在电阻上印刷 4 道或 5 道色环来表示电阻阻值及允许误差，阻值单位为 Ω。普通电阻器通常采用四色环，精密电阻器采用五色环。

（1）四色环电阻器

四色环电阻器及色环含义如图 5-4 所示，四色环代表的含义见表 5-1。

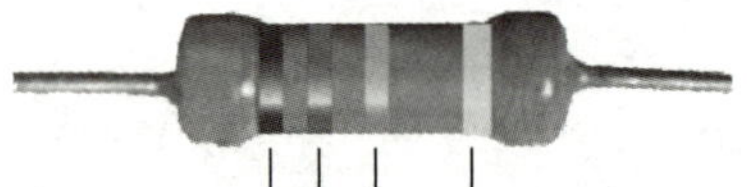

图 5-4　四色环电阻器及色环含义

表 5-1　四色环代表的含义

颜　色	第一位有效数字	第二位有效数字	倍　率	允许偏差
黑	0	0	10^0	
棕	1	1	10^1	±1%
红	2	2	10^2	±2%
橙	3	3	10^3	
黄	4	4	10^4	
绿	5	5	10^5	±0. 5%

（续）

颜　色	第一位有效数字	第二位有效数字	倍　率	允许偏差
蓝	6	6	10^6	±0.25%
紫	7	7	10^7	±0.1%
灰	8	8	10^8	
白	9	9	10^9	
金			10^{-1}	±5%
银			10^{-2}	±10%
无色				±20%

（2）五色环电阻器（精密电阻）

如果色环电阻器用五环表示，前面三道色环是有效数字，第四道色环是倍率，第五道色环是色环电阻器的误差范围，五色环电阻器及色环含义如图5-5所示，五色环代表的含义见表5-2。

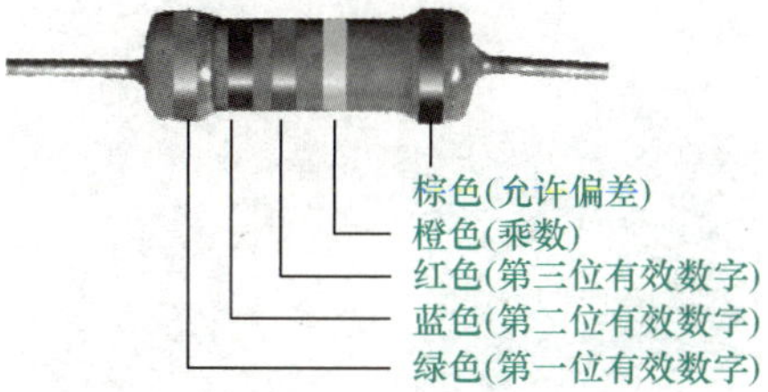

图5-5　五色环电阻器及色环含义

表5-2　五色环代表的含义

颜　色	第一位有效数字	第二位有效数字	第三位有效数字	倍　率	允许偏差
黑	0	0	0	10^0	
棕	1	1	1	10^1	±1%
红	2	2	2	10^2	±2%
橙	3	3	3	10^3	
黄	4	4	4	10^4	
绿	5	5	5	10^5	±0.5%
蓝	6	6	6	10^6	±0.25
紫	7	7	7	10^7	±0.1%
灰	8	8	8	10^8	
白	9	9	9	10^9	
金				10^{-1}	±5%
银				10^{-2}	±10%

四、电阻器的检测

电位器的检测

1．固定电阻器的检测

（1）电阻器标称阻值的检测

1）将红表笔插入“V/Ω”孔，黑表笔插入“COM”孔。

2）选择正确的功能挡位“Ω”。

3）选择合适的量程。测量前，根据色标法估算出被测电阻值的大小，选取合适的量程挡位。选取的量程挡位要大于并且最接近被测电阻值，如图 5-6 所示。

4）红、黑表笔分别接被测电阻两端（不区分红、黑表笔极性），从显示屏上直接读取阻值大小。如果出现屏幕显示“1”，说明量程太小，要调高量程再测；如果量程调到最高还是显示“1”，说明这个电阻内部已经断路；如果屏幕显示为“0”，说明电阻内部短路了，如图 5-7 所示。

注意：测量电阻须从电路中断路出来。

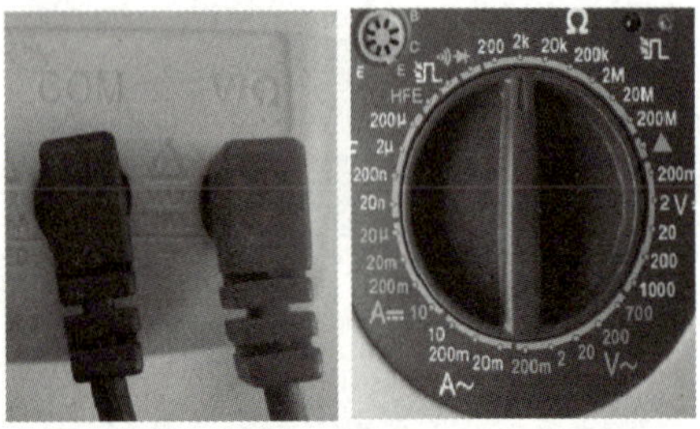

图 5-6　量程的选择

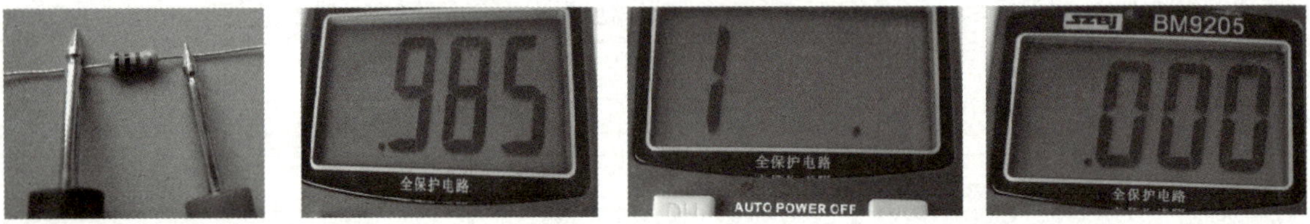

图 5-7　电阻测量图

（2）电阻器的质量判别

1）观察法。电阻体或引脚折断或电阻体烧焦等，可以从外观上直接看出。

2）检测法。如果电阻器内部损坏或电阻值变化较大，根据电阻器误差等级不同，实测值与标称阻值之间允许有 ±5%、±10% 和 ±20% 的误差；如超出误差范围，则说明被测电阻已变质，可以用万用表欧姆挡测量核对。

2．电位器的检测

1）选用万用表电阻挡的适当量程，将两表笔分别接在电位器的两个固定引脚上。

2）测量电位器的总阻值是否与标称阻值相同。若测得的阻值为无穷大（显示 1）或较标称阻值大很多，则说明该电位器已开路或变质损坏。

3）将两表笔分别接电位器中间滑片与两个固定端中的任一端，慢慢转动电位器手柄，使其从一个极端位置旋转至另一个极端位置，正常的电位器，万用表指示的电阻值应从标称阻值（或0Ω）连续变化至0Ω（或标称阻值）。整个旋转过程中，数值应平稳变化，而不应有任何跳动现象。若在调节电阻值的过程中，数值有跳动现象，则说明该电位器存在接触不良的故障，如图5-8所示。

注意： 直滑式电位器的检测方法与此相同。

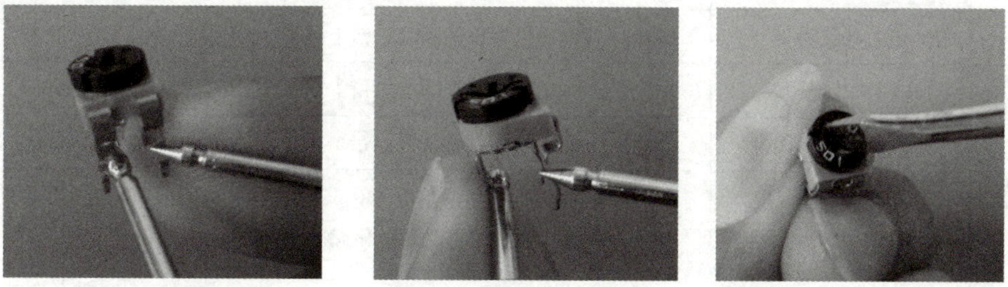

图5-8　电位器测量图

任务实施

一、认一认

1）制作色环电阻板若干块，每块可放置不同的色环电阻10只，由学生注明该色环电阻的阻值，并互相交换，反复练习提高识别速度。

2）给学生10只不同阻值的电阻，然后给出电阻的阻值大小，让学生写出该电阻的色环。

二、测一测

1. 用万用表测量电阻器

选用涂掉色环的不同电阻10只，要求快速、准确测量出阻值。

2. 用万用表测量电位器

1）测量两固定端间的电阻值填入表5-3。

2）测中间滑动片与固定端间的电阻值，旋转电位器，观察阻值变化情况。

表5-3　测量电阻值

测量电阻值	固定端之间的电阻值	固定端与中间滑片间的阻值变化情况	
		阻值平稳变动	阻值突变
测量中出现的问题及原因			

任务评价（见表5-4）

表5-4　评价表

班　级	姓　名	日期	同　组　人	工　时	得　分
序　号	考核项目	配分	评分标准	扣　分	备　注
1	由色环读阻值	20	10只都正确满分，错1只扣5分		
2	由阻值找电阻器	20	10只都正确满分，错1只扣5分		
3	用万用表测电阻器	20	10只都正确满分，错1只扣5分		
4	用万用表测电位器	20	1. 正确测出阻值5分 2. 能说明阻值变化情况及原因5分		
5	实训器材及工作台的整理和保管	20	1. 丢失或损坏，每只扣5分 2. 工作台不整洁，扣5分		
得分		收获与体会			

课后作业

写出20个不同阻值及对应的色环。

任务2　电容器的识别与检测

任务描述

通过本任务的学习和实践操作，熟悉电容器的符号、分类、用途、主要参数等知识，会正确使用万用表检测电容器的性能。

提供器材：

1）不同大小与种类的电容器若干只。

2）标记磨损的电容器若干只。

完成下列任务：

1）要求快速、准确说出电容器参数及种类。

2）要求快速、准确判断出涂掉参数的电容器的好坏并且测量出电容大小。

3）用万用表判断出有极性电容器的正负极。

任务准备

一、识别电容器

认识电容器

1）电容器是一种储存电能的元件，符号为 C。

2）常见电容器的实物和图形符号如图 5-9 所示。

a)

b)

图 5-9　常见电容器的实物和图形符号

3）电容器容量的单位。国际单位是法拉（F）。常用单位有微法（μF）和皮法（pF）。电容器的单位换算：$1F = 10^6 \mu F = 10^{12} pF$；$1pF = 10^{-6} \mu F = 10^{-12} F$。

二、电容器的主要参数（见图 5-10）

1. 电容器容量的标注方法

电容器的标注方法与电阻的标注方法基本相同，分直标法、数字字母法、数字表示法、数码表示法和色标法 5 种。

1）直标法。将电容器的标称值用数字和单位在电容器的本体上标示出来。如 .01μF 表示 0.01μF；R56μF 表示 0.56μF。

2）数字字母法。在容量单位标识前面标出整数，后面标出小数。例如，1p5 表示 1.5 pF，6n8 表示 6800pF，4u7 表示 4.7μF。

3）数字表示法。不标单位的数字表示法，其中用一位到四位数表示有效数字，一般情况下单位为 pF，而电解电容其容量单位则为 μF。如 3 表示 3pF；2200 表示 2200pF；0.056 表示 0.056μF。

4）数码表示法。一般用三位数字表示容量的大小，前两位表示有效数字，第三位表示 10 的幂指数，单位一般为 pF。如 102 表示 $10 \times 10^2 = 1000pF$；224 表示 $22 \times 10^4\ pF = 0.22\mu F$。

5）色标法。与电阻色标法类似，但一般只有三环，前两环表示有效数字，第三环表示倍率，单位为 pF。有时色环较宽，如红 – 红 – 橙，两个红色环连在一起涂成一个宽环，表示 22000pF。

2. 电容器容量偏差的标注方法

常采用英文字母 J、K、M、G 或罗马字母Ⅰ、Ⅱ、Ⅲ表示容量偏差。其中，Ⅰ或 J 表示 ±5%，Ⅱ或 K 表示 ±10%。Ⅲ或 M 表示 ±20%，G 表示 ±2%。

3. 额定工作电压（耐压值）

它指电容器能长时间可靠工作的最大直流电压或最大交流电压的有效值。一般都是直接用数字标在电容体上。

图 5-10　电容器的主要参数

4. 耐温值

它表示电容器所能承受的最高工作温度。

电容器的容量检测

三、电容器的检测

1. 用电容挡直接检测

某些数字万用表具有测量电容的功能，例如，BM9205，其量程分为 20n、200n、2μ 和 200μ 四挡。测量时，将两表笔按图 5-11 插入（有些万用表专门设有测电容插孔，可将已放电的电容两引脚直接插入万用表面板上的 Cx 插孔），然后选取适当的量程，用两表笔接电容器的两引脚后即可读取显示数据。

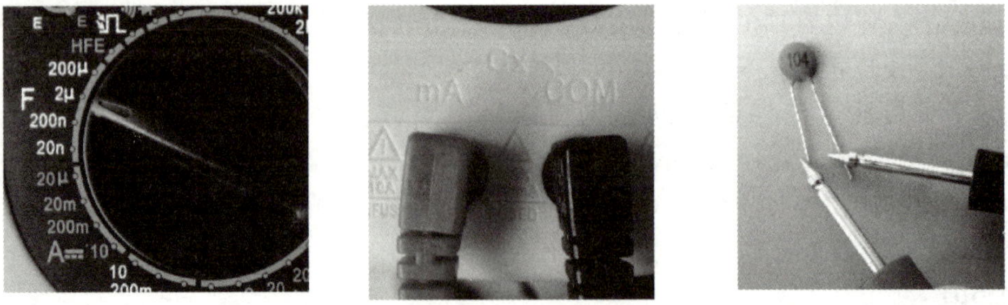

图 5-11　电容挡测量法

20n 挡宜于测量 20nF 以下容量的电容器；200n 挡宜于测量 20～200nF 的电容；2μ 挡宜于测量 200nF～2μF 的电容器；200μ 挡宜于测量 2～200μF 的电容器。

经验证明，有些型号的数字万用表在测量 50pF 以下的小容量电容器时误差较大，测量 20pF 以下电容几乎没有参考价值。此时，可采用并联法测量小容量电容器。方法是：先找一只 220pF 左右的电容器，用数字万用表测出其实际容量 C_1，然后把待测小电容器与之并联测出其总容量 C_2，则两者之差（C_1-C_2）即是待测小电容的容量。用此法测量 1～20pF 的小容量电容器很准确。反之，如果电容器容量太大可以采用串联法进行测量。

2. 用蜂鸣器挡检测

利用数字万用表的蜂鸣器挡，可以快速检查电解电容器质量的好坏。测量方法如下：将数字万用表表笔插入“Cx”插孔，将转换开关拨至蜂鸣器挡，用两支表笔分别与被测电容器 Cx 的两个引脚接触，应能听到一阵短促的蜂鸣声，随即声音停止，同时显示溢出符号“1”。接着，再将两支表笔对调测量一次，蜂鸣器应再发声，最终显示溢出符号“1”，此种情况说明被测电解电容器基本正常。

上述测量过程的原理是：测试刚开始时，仪表对 Cx 的充电电流较大，相当于通路，所以蜂鸣器发声。随着电容器两端电压的不断升高，充电电流迅速减小，最后使蜂鸣器停止发声。

测试时，如果蜂鸣器一直发声，说明电解电容器内部已经短路；若反复对调表笔测量，蜂鸣器始终不响，仪表总是显示“1”，则说明被测电容器内部断路或容量消失。

任务实施

一、认一认

提供不同大小与种类的电容器若干只，要求快速、准确说出其参数及种类。

二、测一测

提供不同种类电容器若干只，根据要求完成表 5-5。

表 5-5　识别与测量电容

代号	类　型	标称值（含偏差）	测　量　值	质量判定
C_1				
C_2				
C_3				
C_4				

任务评价（见表5-6）

表5-6 评价表

班级	姓名	日期	同组人	工时	得分
序号	考核项目	配分	评分标准	扣分	备注
1	正确读电容器参数	20	10只都正确满分，错1只扣5分		
2	判断电容器种类	20	10只都正确满分，错1只扣5分		
3	用万用表测电容器容量大小	20	10只都正确满分，错1只扣5分		
4	用万用表判断电容器好坏	20	10只都正确满分，错1只扣5分		
5	实训器材及工作台的整理和保管	20	1. 丢失或损坏，每只扣5分 2. 工作台不整洁，扣5分		
得分	收获与体会				

课后作业

1. 电容器常见种类有哪些？
2. 简述如何用数字万用表检测电容器的好坏。

任务3 二极管的识别与检测

任务描述

通过本任务的学习和实践操作，熟悉二极管的符号、分类、主要参数等知识，要求会用万用表判断二极管的极性，会检测二极管的性能。

提供器材：

1）各种类型的二极管若干只。

2）标记磨损的二极管若干只。

3）性能损坏的二极管若干只。

完成下列任务：

1）用万用表检测法判断出二极管的正负极性。

2）用万用表检测法判断二极管性能的好坏。

任务准备

一、认识二极管

1. 分类

- 二极管
  - 普通二极管
    - 检波二极管
    - 整流二极管
    - 开关二极管
  - 特殊二极管
    - 稳压管
    - 发光二极管
    - 光电二极管

2. 常见二极管实物及图形符号（见图5-12、图5-13）

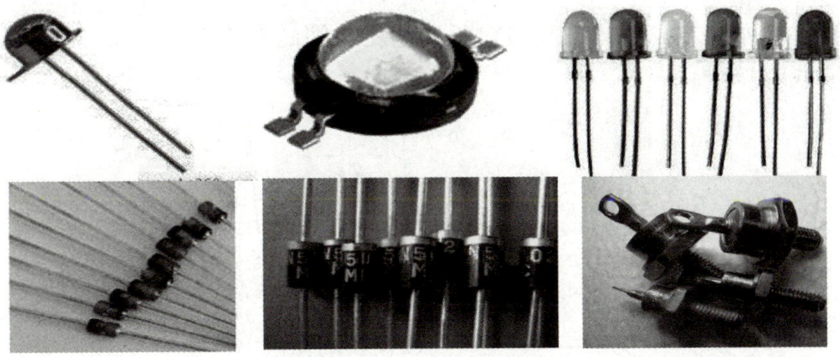

图5-12　常见二极管实物

文字符号：VD。

图5-13　常见二极管图形符号

常见的二极管符号有：整流二极管1N4001～1N4007；稳压二极管1N4728～1N4752；开关二极管1N4148、1N4150、1N4448。

3. 二极管的基本结构

如图5-14所示，在一个PN结的两端各引出一个电极，外加玻璃或塑料的管壳封装就是二极管。由P型半导体引出的电极，称为正极（或阳极）；由N型半导体引出的电极，称为负极（或阴极）。

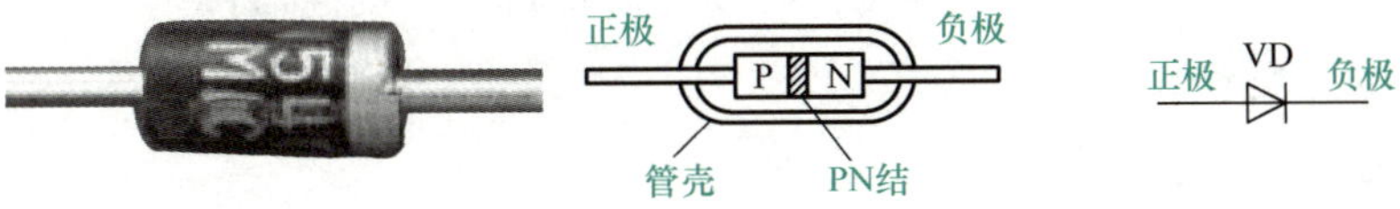

图5-14　二极管的结构

4. 二极管的特性

（1）二极管的单向导电性（见图 5-15）

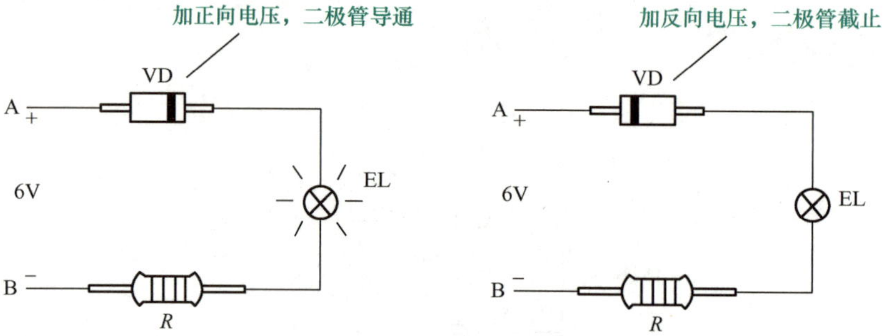

图 5-15　二极管的导电特性

二极管正向偏置时，导通；反向偏置时，截止。这就是二极管的单向导电性。

（2）二极管的伏安特性

伏安特性是指通过二极管的电流和它两端电压之间的对应关系。图 5-16 所示为二极管的伏安特性曲线。

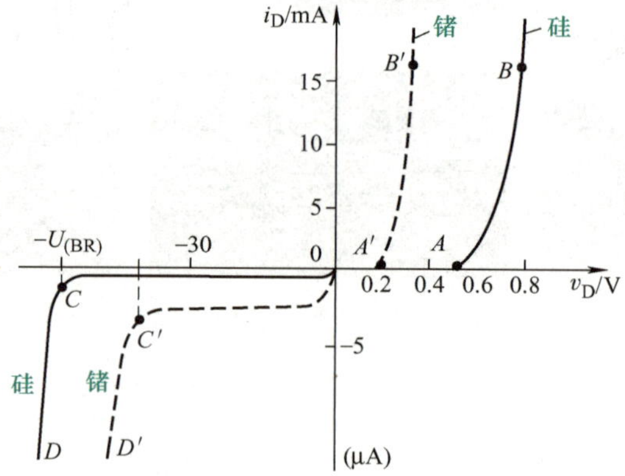

图 5-16　二极管的伏安特性曲线

1）正向特性（图 *OAB* 段）。

死区（*OA* 段）：二极管不导通，硅二极管的死区电压约为 0.5V，锗二极管的死区电压约为 0.2V。

正向导通（*AB* 段）：正向电流迅速增加，二极管两端电压降变化不大，硅二极管的导通电压约为 0.7V，锗二极管的导通电压约为 0.3V。

2）反向特性（图中 *OCD* 段）。

反向截止（*OC* 段）：二极管反向电流很小，二极管不导通。

反向击穿（*CD* 段）：当反向电压超过击穿电压后，二极管的反向电流急剧增加。

因为二极管伏安特性曲线为非线性，所以二极管属于非线性器件。

5. 二极管的主要参数

（1）最大整流电流 I_{FM}

二极管在室温下长期运行允许通过的最大正向平均电流。

(2) 最高反向工作电压 V_{RM}

二极管正常工作时所允许外加的最大反向电压。

(3) 反向饱和电流 I_R

在二极管加反向电压而未击穿时的反向电流值。

6. 二极管的桥式整流作用

通过桥式整流电路可以将交流电转换成脉动直流电，如图 5-17 所示。

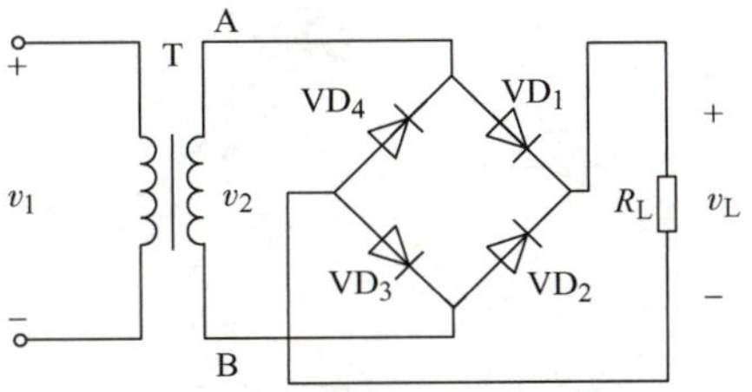

图 5-17　桥式整流电路

7. 稳压管（见图 5-18）

稳压管是利用 PN 结的反向击穿区具有稳定电压的特性来工作的。

a)　　b)

图 5-18　稳压管的符号和实物

a) 电路符号　b) 实物

工作条件：反向击穿。

特性：正向特性与普通二极管相同；反向击穿特性曲线较陡；反向击穿电压为几伏至几十伏。

应用：稳压设备和一些电子电路中。

8. 发光二极管（见图 5-19）

发光二极管简称为 LED，它能将电能转换成光能，实现发光的功能。

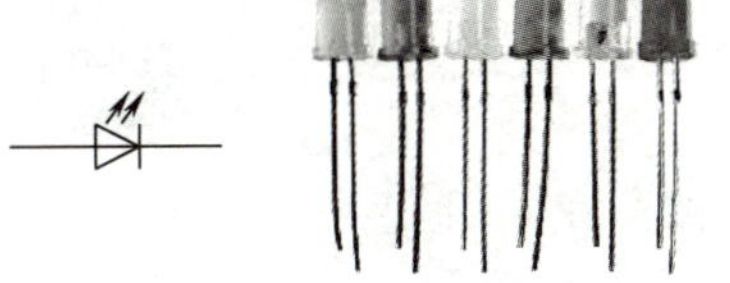

a)　　b)

图 5-19　发光二极管的符号和实物

a) 电路符号　b) 实物

工作条件：正向导通。

特性：与普通二极管一样，具有单向导电性能；体积小、发光均匀稳定、亮度较高、响应快、寿命长；工作电压低（约2 V），工作电流小（约10 mA）。

应用：各种电子电路、家电、仪表等设备中的电源指示、电平指示、组成文字或数字显示。

9. 光电二极管（见图5-20）

光电二极管也称为光敏二极管，是一种将光信号转变成电信号的器件。

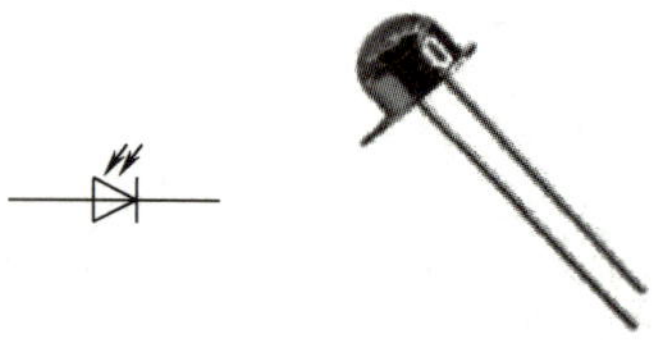

a) b)

图5-20 光电二极管的符号和实物

a）电路符号 b）实物

工作条件：反向偏置。

特性：无光照时，反向电阻高达几十兆欧；有光照时，反向电阻降为几千欧至几十千欧。

应用：在自动控制领域中作为光电检测元件、制作光电池等。

二、二极管的检测

1. 极性判断

（1）目视法（见图5-21）

1）看负极标志，有环的一段为负极。

2）看管脚，长或细脚为正极。

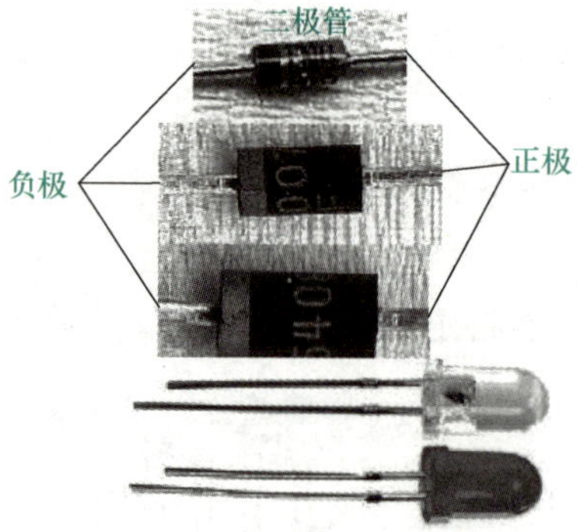

图5-21 二极管极性目视法判断

（2）测量法（数字万用表）（见图5-22）

1）将挡位拨至二极管测量挡。

2）红、黑表笔分别接二级管两管脚。

3）显示屏显示“1”，表明二极管未导通，则红表笔接二极管负极，黑表笔接二极管正极。

4）交换两表笔，显示 150 ~ 800 之间的数值，表明二极管导通，此时红表笔接正极，黑表笔接负极。

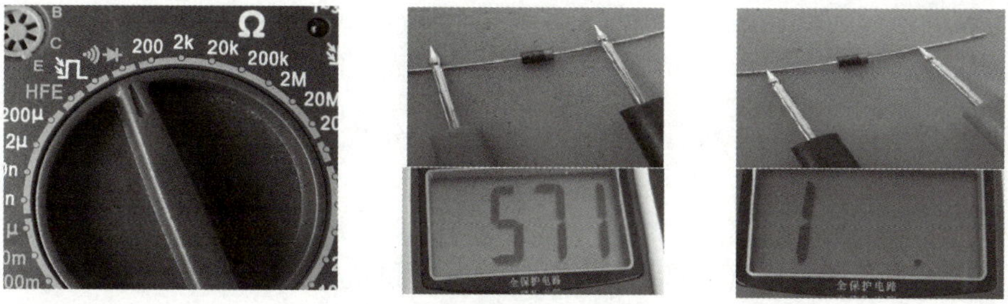

图 5-22　二极管极性测量法判断

2. 检测二极管的好坏

（1）带电检测

将挡位选在电压挡，红表笔接正极，黑表笔接负极，所测的结果为其正向压降。正常情况下，硅二极管为 0.5 ~ 0.7V，锗二极管为 0.13 ~ 0.15V；反偏时均为“1”。

若正、反均为“0”，则表明二极管已击穿短路；若正、反均为“1”，则表明二极管内部开路。

（2）不带电检测

先将红表笔接正极，黑表笔接负极，然后反过来接，如果万用表蜂鸣挡都鸣响，则二极管内部已经短路；如果万用表都显示“1”，则二极管内部已经断路。

正常情况是，正接显示一个 150 ~ 800 的数值，反接显示“1”。

3. 特殊二极管的检测

（1）稳压管的检测

检测方法与一般二极管检测方法相同。

（2）发光二极管的检测（见图 5-23）

将万用表拨至二极管挡，红表笔接正极，黑笔接负极，如果发光二极管亮，则表示该管是好的，否则为已损坏。

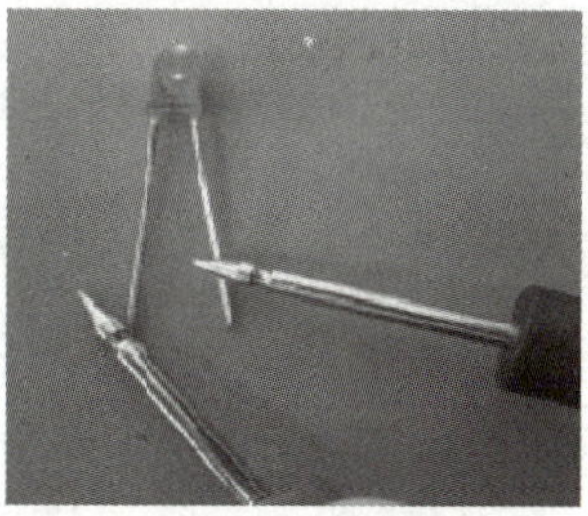

图 5-23　发光二极管的检测

（3）光电二极管的检测

对有光照和无光照条件下的反向电阻，有光照时电阻小，无光照时电阻大；如果电阻差别很小，则表明光电二极管质量不好。

任务实施

一、认一认

分给每小组不同种类的二极管若干，让大家进行分类。

二、测一测

用万用表测量普通二极管、稳压管、发光二极管和光电二极管的正向和反向电阻，并将结果填入表5-7，判断其质量好坏。

表5-7　二极管检测

检测项目		测量极间电阻		判断好坏
		正向电阻	反向电阻	
普通二极管				
稳压管				
发光二极管				
光电二极管	无光照			
	有光照			

任务评价（见表5-8）

表5-8　任务评价表

班　级	姓　名	日期	同 组 人	工　时	得　分
序　号	考核项目	配分	评分标准	扣　分	备　注
1	普通二极管的检测	20	1. 不会检测正、反向电阻，每项扣5分 2. 不会判断正、负极，每项扣5分 3. 不会判断质量好坏，每项扣5分		
2	稳压二极管的检测	20	1. 不会检测正、反向电阻，每项扣5分 2. 不会判断正、负极，每项扣5分 3. 不会判断质量好坏，每项扣5分		

（续）

序　号	考核项目	配分	评分标准	扣　分	备　注
3	发光二极管的检测	20	1. 不会检测正、反向电阻，每项扣5分 2. 不会判断正、负极，每项扣5分 3. 不会判断质量好坏，每项扣5分		
4	光电二极管的检测	20	1. 不会检测正、反向电阻，每项扣5分 2. 不会判断正、负极，每项扣5分 3. 不会判断质量好坏，每项扣5分		
5	实训器材及工作台的整理和保管	20	1. 丢失或损坏，每只扣5分 2. 工作台不整洁，扣5分		
得分		收获与体会			

课后作业

1）测量二极管时，能不能用手同时捏住二极管的两个管脚？

2）光电二极管在有光照和无光照两种情况下，正、反向电阻的阻值有何不同？

任务4　晶体管的识别与检测

任务描述

通过本任务的学习和实践操作，熟悉晶体管的符号、分类、主要参数等知识，要求会用万用表判断晶体管类型，会确定晶体管的三只管脚，会检测晶体管的放大倍数，能判断其性能的好坏。

提供器材：

1）性能正常的PNP型晶体管和NPN型晶体管若干只。

2）性能损坏的晶体管若干只。

完成下列任务：

1）用万用表检测法判断任一只晶体管的类型。

2）用万用表检测法确定晶体管的任一只管脚。

3）用万用表检测法判断晶体管性能的好坏。

任务准备

一、认识半导体晶体管

晶体管是一种具有两个PN结的半导体器件。其基本作用是开关和放大。

1. 分类

晶体管按材料分有两种：锗管和硅管。而每一种又有NPN和PNP两种结构形式，使用最多的是NPN和PNP两种硅晶体管，两者除了电源极性不同外，其工作原理都是相同的。

常见晶体管中NPN型的有9011、9013、9014、9018、8050、2N2222、2N5551、3DG6A；PNP型的有9012、9015、8550、2N5401。

2. 符号

文字符号：VT，图形符号如图5-24所示。

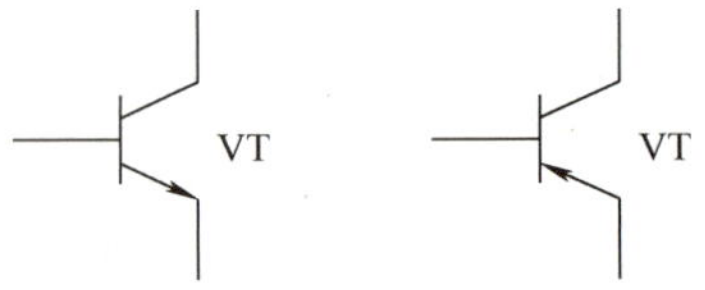

图5-24　两种晶体管符号

3. 常用晶体管管脚辨认

常用晶体管90系列管脚排列如图5-25所示，识别管脚时，将管脚朝下，切口面朝自己，从左向右依次为e、b、c脚。

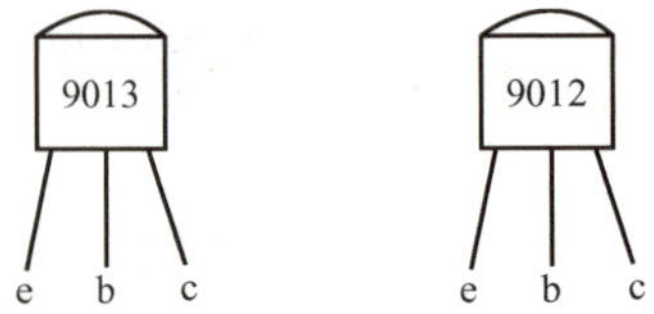

图5-25　晶体管管脚排列

4. 晶体管的类型选择

1）根据电路工作频率确定选用低频管或高频管。

2）尽量选用低噪声的硅管。

3）在使用大功率晶体管时，因功耗较大，应按要求加装一定规格尺寸的散热片。

4）考虑晶体管工作的安全性。

二、晶体管的检测（用数字万用表检测）

晶体二极管的检测　　晶体三极管的检测

1. 晶体管管型检测及b管脚判定（以PNP型为例）

1）如图5-26所示，将挡位开关拨至晶体管测量挡。

2）红、黑笔接晶体管任意两管脚，若显示屏数字在 150～800，则红表笔所接为 P 端、黑表笔所接为 N 端。

3）黑表笔不动，红表笔接另一管脚，显示 150～800 内数值，则当前红表笔所接为 P 端，则该晶体管为 PNP 型，黑表笔所接为 b 管脚。

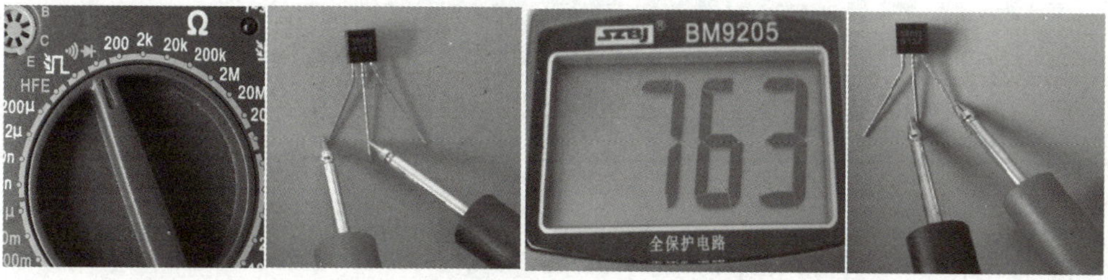

图 5-26　晶体管管型检测及 b 管脚判定

2. e、c 判定及放大倍数检测

1）将开关打至“hFE”挡。

2）将晶体管随意插到插孔中去（当然 b 极是可以插准确的，因为第一步已经测出来），测一下 hFE 值，然后将晶体管倒过来再测一遍，测得 hFE 值比较大的一次，各管脚插入的位置是正确的，即可判断出 e、c 两管脚。

3）读取放大倍数，如图 5-27 所示。

图 5-27　晶体管放大倍数的测量

任务实施

测一测

提供若干只 NPN 和 PNP 型晶体管，用万用表测量并记录于表 5-9 中。

表 5-9　用万用表测量晶体管

序号	测量极间电阻				管脚判断			管型判断	好坏判断	放大倍数
	红表笔接 2 脚		黑表笔接 2 脚							
	黑表笔接 1 脚	黑表笔接 3 脚	红表笔接 1 脚	红表笔接 3 脚	e	b	c			
1										
2										

（续）

序号	测量极间电阻				管脚判断			管型判断	好坏判断	放大倍数
	红表笔接 2 脚		黑表笔接 2 脚							
	黑表笔接 1 脚	黑表笔接 3 脚	红表笔接 1 脚	红表笔接 3 脚	e	b	c			
3										
4										
5										

任务评价（见表 5-10）

表 5-10　任务评价表

班　级	姓　名		日期	同 组 人	工　时	得　分
序　号	考 核 项 目		配分	评 分 标 准	扣　分	备　注
1	判断晶体管的管脚		20	管脚判断错误，每只扣 5 分		
2	判断晶体管管型		20	不会判断管型，每只扣 5 分		
3	质量检测		20	不会判断质量好坏，每只扣 5 分		
4	放大倍数测量		20	不会测量放大倍数，每只扣 5 分		
5	实训器材及工作台的整理和保管		20	1. 丢失或损坏，每只扣 5 分 2. 工作台不整洁，扣 5 分		
得分		收获与体会				

课后作业

1）画出晶体管 9013、9012、8050、8550 示意图，并标出管脚名称。

2）从废旧电路中拆下几只晶体管，并用万用表测量管脚及性能好坏。

任务 5　单结晶体管与晶闸管的识别与检测

单结晶体管又称为双基极二极管，是一种具有一个 PN 结和两个欧姆电极的负阴半导体器件。晶闸管俗称可控硅，是一种大功率半导体器件，具有体积小、重量轻、容量大、效率高、控制灵敏等优点。晶闸管具有硅整流器件的特性，能在高电压、大电流条件下工作，工作过程可以控制，被广泛应用于可控整流、交流调压、无触点电子开关、逆变及变频等电子电路中。

任务描述

提供几种单结晶体管和晶闸管若干，识别与检测元器件，并记录有关数据。

1）认识单结晶体管和晶闸管型号和外形。

2）了解单结晶体管和晶闸管的内部结构和参数。

3）用万用表测试判别单结晶体管和晶闸管的质量好坏和管脚排列。

任务准备

一、单结晶体管

1. 单结晶体管的型号命名法

单结晶体管型号命名与二极管、晶体管有所不同，其组成部分及含义如图 5-28 所示。

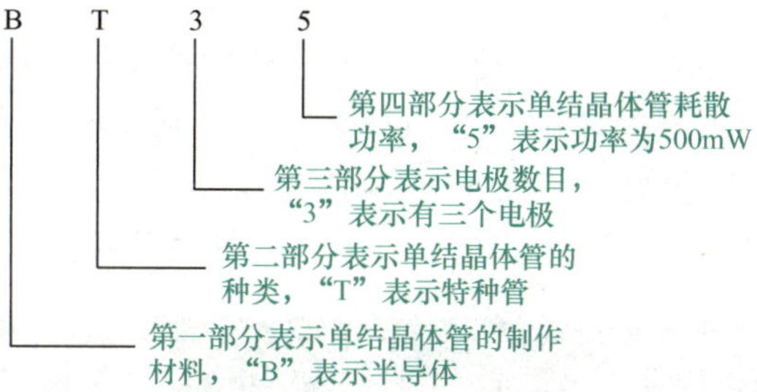

图 5-28　单结晶体管型号命名组成部分及含义

2. 单结晶体管的符号、外形和等效电路（见图 5-29）

单结晶体管的外形很像晶体管，它也有三个电极，称为发射极 e，第一基极 b_1，第二基极 b_2，因此叫双基极二极管。因为只有一个 PN 结，所以又称为单结晶体管，其外形及符号如图 5-29a、b 所示。图中发射极箭头指向 b_1，表示经 PN 结的电流只流向 b_1 极。单结晶体管的等效电路如图 5-29c 所示，R_{b1} 表示 e 与 b_1 之间的等效电阻，它的阻值受 e、b_1 两极之间电压的控制，所以等效为可变电阻。两个基极之间的电阻用 R_{bb} 表示，即 $R_{bb}=R_{b1}+R_{b2}$，R_{b1} 与 R_{bb} 的比值称为分压比 $\eta=R_{b1}/R_{bb}$，η 一般在 0.3 ~0.8 之间。

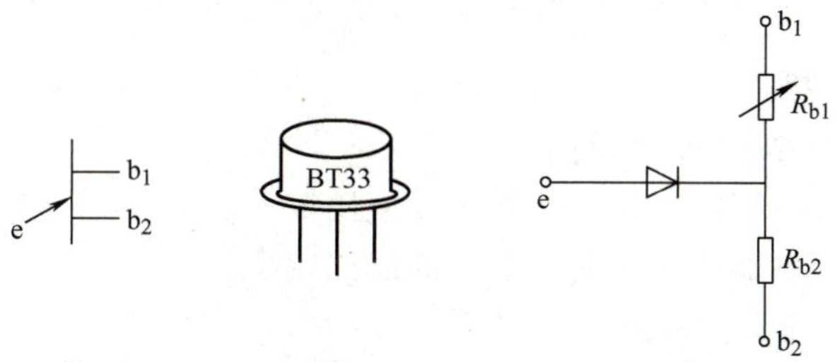

a)　　b)　　c)

图 5-29　单结晶体管的符号、外形和等效电路

3. 单结晶体管的检测

单结晶体管的检测

（1）目测识别

一般将器件管脚对着自己，e 极离标志点最近，然后按顺时针方向分别是 b_1 极、b_2 极，如图 5-30 所示。

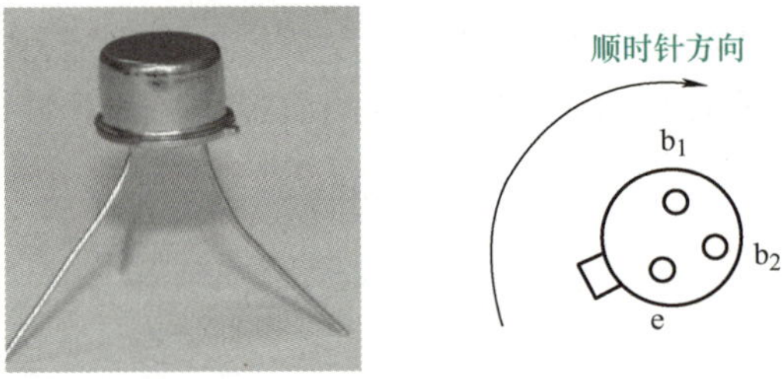

图 5-30　单结晶体管外形图与管脚排列图

（2）用数字万用表判定

1）判定发射极。

① 将转换开关置于二极管挡。

② 红表笔先接触单结晶体管其中一脚，黑表笔依次接触另外两个管脚。

③ 观察显示屏，若两次测得都在 1.2～1.8V 范围，则说明红表笔接触的就是发射极 e，其余两脚分别是第一基极 b_1 和第二基极 b_2，如图 5-31 所示。

④ 若两次显示均为“1”或至少一次“1”，表明红表笔接的不是 e 极。

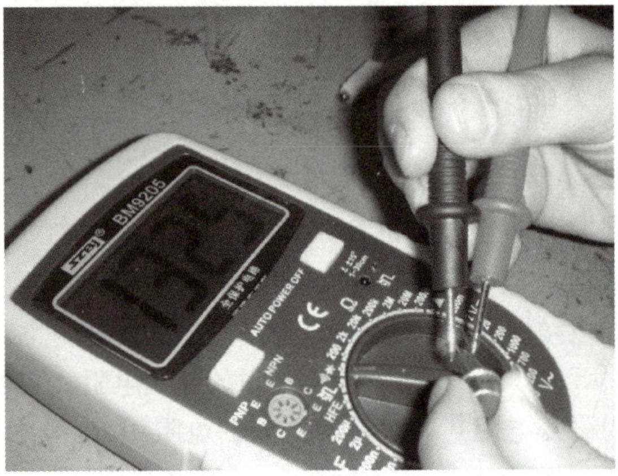

图 5-31　测 e、b_1 两极之间的正向压降

2）判定 b_1 极、b_2 极。

① 将转换开关置于 $R\times20$k 电阻挡。

② 红表笔接 e 极，黑笔接 b_1 极时，显示的值比较大。

③ 红表笔接 e 极，黑笔接 b_2 极时，显示的值比较小。

（3）单结晶体管简单质量检测

若测得的第一基极 b_1 和第二基极 b_2 之间的阻值在 2～10kΩ 之间，则说明此管质量良好，如图 5-32 所示。若测得的阻值过大或过小，则不宜使用。

图 5-32　测 b_1、b_2之间的电阻

二、晶闸管

晶闸管有多种分类方法。按关断、导通及控制方式，可以分为单向晶闸管、双向晶闸管、逆导晶闸管、门极关断（可关断）晶闸管（GTO）、BTG 晶闸管、温控晶闸管、快速晶闸管及光控晶闸管等多种；按管脚极性可分为二极晶闸管、三极晶闸管和四极晶闸管；按封装形式可分为金属封装晶闸管、塑料晶闸管和陶瓷封装晶闸管。塑料封装晶闸管如图 5-33 所示。

图 5-33　塑料封装晶闸管

1. 单向晶闸管的结构与符号

如图 5-34 所示，单向晶闸管是一种由 PNPN 四层半导体材料构成的三端半导体器件，三个引出电极分别是阳极 A、阴极 K 和门极 G（又称控制极或触发极）。单向晶闸管的阳极与阴极之间具有单向导电的性能。

单向晶闸管导通必须具备两个条件：阳极 A 和阴极 K 之间加上正向电压；门极 G 和阴极 K 之间必须加上一定大小的正向触发电压。

2. 晶闸管的检测

将数字万用表转换开关置于二极管挡，红表笔固定接某个管脚，用黑表笔依次接触另外

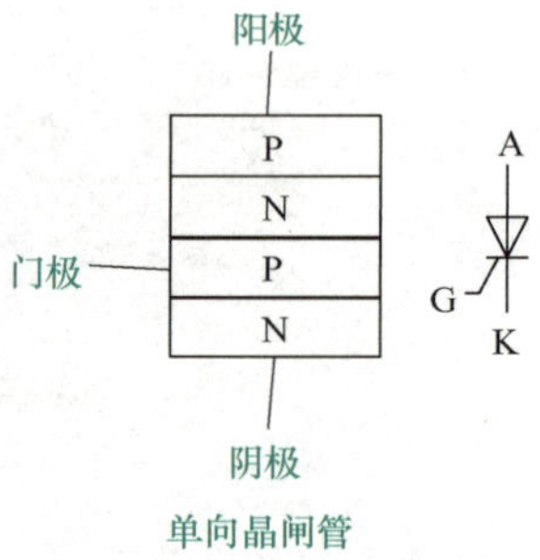

图 5-34　单向晶闸管内部结构与符号

两个管脚，如果在两次测试中一次显示值小于 1V；另一次显示溢出符号“OL”或“1”（视不同的数字万用表而定），则表明红表笔接触的管脚不是阴极 K（单向晶闸管）就是主电极 T2（双向晶闸管）。

若红表笔固定接任意一个管脚，黑表笔接第二个管脚时显示的数值为 0.6～0.8V，黑表笔接第三个管脚时显示溢出符号“OL”或“1”，且红表笔所接的管脚与黑表笔所接的第二个管脚对调时，显示的数值由 0.6～1V 变为溢出符号“OL”或“1”，就可判定该晶闸管为单向晶闸管，此时红表笔所接的管脚是门极 G，第二个管脚是阴极 K，第三个管脚为阳极 A，如图 5-35 所示。

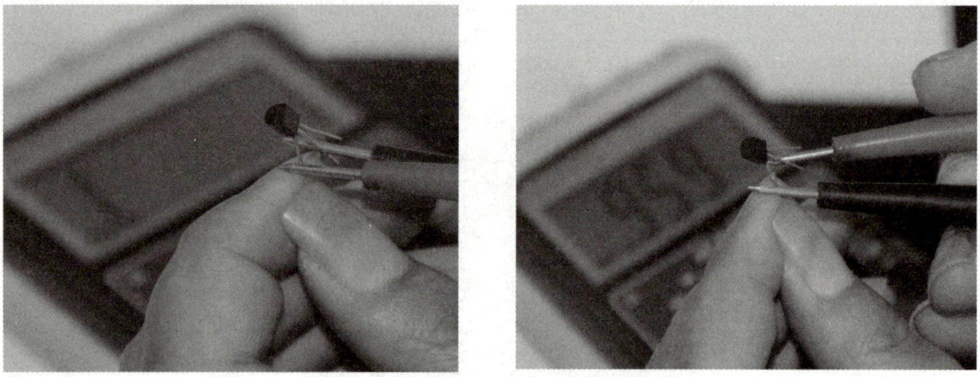

图 5-35　测 KA 两极之间的电压

若红表笔固定接某个管脚，黑表笔接第二个管脚时显示的数值为 0.2～0.6V，黑表笔接第三个管脚显示溢出符号“OL”或“1”，且红表笔所接的管脚与黑表笔所接的第二个管脚对调，显示的数值固定为 0.2～0.6V，就可判定该管为双向晶闸管，此时红表笔所接的管脚是主电极 T1，第二个管脚为门极 G，第三个管脚是主电极 T2。

任务实施

一、认一认

请标出图 5-36 中晶闸管的 A、K、G 管脚。

图 5-36 晶闸管

二、画一画

请画出晶闸管、单结晶体管的符号及内部结构。

三、测一测

根据现场提供的器材，请检测：

1）晶闸管的 A、K 和 G 管脚。

2）单结晶体管的 e、b_1、b_2管脚。

3）晶闸管、单结晶体管的好坏。

任务评价（见表 5-11）

表 5-11 评价表

班级	姓名	日期	同组人	工时	得分
序号	**考核项目**	**配分**	**评分标准**	**扣分**	**备注**
1	元器件识别	20	管脚判断错误，每只扣5分		
2	判断管脚排列	20	不会判断管型，每只扣5分		
3	用万用表测质量好坏	40	不会判断质量好坏，每只扣5分		
4	实训器材及工作台的整理和保管	20	1. 丢失或损坏，每只扣5分 2. 工作台不整洁，扣5分		
得分		收获与体会			

课后作业

画出单结晶体管、晶闸管的符号、内部结构及管脚排列。

任务6　集成电路的识别与检测

集成电路（Integrated Circuit，IC）是一种微型电子器件或部件。它是采用一定的工艺，把一个电路中所需的晶体管、电阻、电容和电感等元器件及导线连接在一起，制作在一小块或几小块半导体晶片或介质基片上，然后进行封装，成为具有所需电路功能的器件。集成电路具有体积小、耗电低和稳定性高等优点。

半导体集成电路的品种、规格繁多，就其引脚的排列情况常见的有以下三种形式：一是按圆周分布，即所有引脚分布在同一个圆周上；二是双列分布，即引脚分两行排列；三是单列分布，即引脚单行排列。

为了便于使用者识别集成电路的引脚排列顺序，各种集成电路一般都标有一定的标记。通过学习本任务，使学生掌握常见集成电路的引脚排列顺序和引脚功能。

任务描述

提供双列直插式集成电路若干。

1）认识常见集成电路型号和外形。

2）掌握集成电路的引脚排列及功能。

任务准备

一、双列直插式集成电路的型号和外形

常见双列直插式集成电路的型号和外形如图5-37所示。

图5-37　双列直插式集成电路的型号和外形

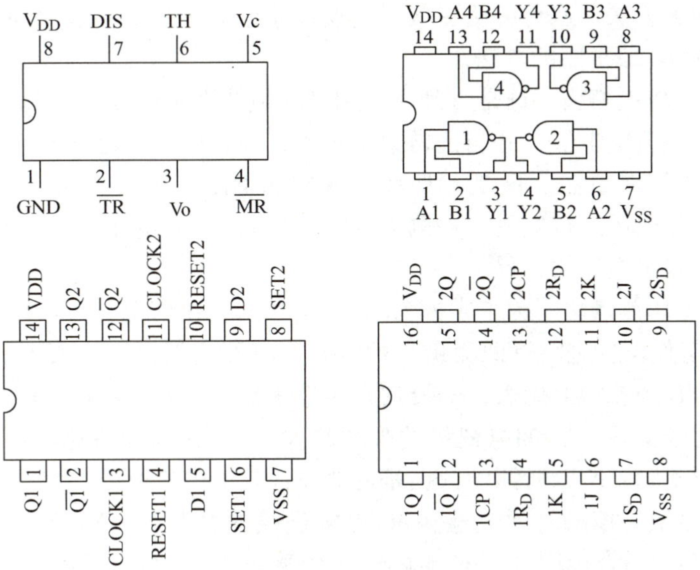

图 5-38 双列直插式集成电路的引脚排列与功能

二、双列直插式集成电路的引脚排列与功能

1. 双列直插式集成电路引脚排列

在打点、有凹槽或是有颜色标识处，逆时针开始数为第 1 脚、第 2 脚、第 3 脚……如弧形凹口标记，这种识别标记多用在双列直插式集成电路上，且其通常位于集成电路的一个端部。如图 5-37所示，引脚排列顺序的识别方法是，正视集成块外壳上所标的型号，弧形凹口下方左起第 1 脚为该集成电路的第 1 脚，以这个管脚开始沿逆时针方向依次是第 2 脚、第 3 脚、第 4 脚……

2. 双列直插式集成电路引脚功能

引脚是内外电路联系的纽带，是内部相应端子的引出端，要明确各引脚与内部端子的联系，而且还要明确引脚外接元器件的功能，因为外电路是通过引脚来配合内电路工作的。了解集成电路各引脚具体功能有 3 种方法：一是查阅有关资料；二是根据集成电路的内电路进行分析；三是根据集成电路各引脚所接外电路特征进行分析。

双列直插式集成电路的引脚排列与功能如图 5-38 所示。

三、集成电路的检测

测试集成电路（下面简称为 IC）是否烧坏或短路需要专业的知识，一般没有这方面知识和技能的人，可以通过仔细观察 IC 的外观，做出一些简单的判断：IC 表面是否有烧过的痕迹，如鼓包、裂纹、变色等；IC 引脚是否有断裂、脱焊等；IC 是否有烧过的糊味等；IC 周边的原件是否异常等。下面仅介绍用万用表作为检测工具的集成电路检测方法。

1. 不在路检测

这种方法是在 IC 未焊入电路时进行的，一般情况下可用万用表测量各引脚与接地引脚之间的正、反向电阻值，并和完好的 IC 进行比较。

2. 在路检测

这是一种通过万用表检测 IC 各引脚在路（IC 在电路中）直流电阻、对地交直流电压以及总工作电流的检测方法。这种方法克服了代换试验法必须要有可代换 IC 的局限性和拆卸 IC 的麻烦，是检测 IC 最常用的方法。

1）在路直流电阻检测法。这是一种用万用表欧姆挡直接在电路板上测量 IC 各引脚和外围元件的正、反向直流电阻值，并与正常数据对比，来发现和确定故障的方法。

2）直流工作电压测量法。这是一种在通电情况下用万用表直流电压挡对直流供电电压、外围元件的工作电压进行测量；检测 IC 各引脚对地直流电压值，并与正常值对比，进而压缩故障范围，找出损坏的元件。

3）交流工作电压测量法。为了掌握 IC 交流信号的变化情况，可以用带有 dB 插孔的万用表对 IC 的交流工作电压进行近似测量。检测时，将万用表置于交流电压挡，正表笔插入 dB 插孔；对于无 dB 插孔的万用表，需要在正表笔串接一只 0.1 ~0.5μF 的隔直电容。该法适用于工作频率比较低的 IC，如电视机的视频放大级、场扫描电路等。由于这些电路的固有频率不同，波形不同，所以所测的数据是近似值，只能供参考。

4）总电流测量法。该法是通过检测 IC 电源进线的总电流来判断 IC 好坏的一种方法。由于 IC 内部绝大多数为直接耦合，IC 损坏时（如某一个 PN 结击穿或开路）会引起后级饱和与截止，使总电流发生变化。所以通过测量总电流的方法可以判断 IC 的好坏。也可用测量电源通路中电阻的电压降，再用欧姆定律计算出总电流值。

任务实施

一、认一认

请说出 555 集成电路的引脚排列顺序和引脚功能。

二、做一做

请画出 CD4011、CD4013 集成电路的引脚排列顺序和引脚功能。

三、测一测

依据集成电路不在路检测方法，用万用表分别对集成 555、CD4011、CD4013 各引脚与接地引脚之间的正、反向电阻值进行检测，比较数据并判断集成好坏。

任务评价（见表 5-12）

表 5-12　任务评价表

班　　级	姓　　名	日期	同　组　人	工　　时	得　　分
序　　号	考核项目	配分	评分标准	扣　　分	备　　注
1	元器件识别	20	引脚判断错误，每只扣 5 分		
2	判断引脚排列	20	不会判断管型，每只扣 5 分		

（续）

序　　号	考核项目		配分	评分标准	扣　　分	备　　注
3	用万用表测质量好坏		40	不会判断质量好坏，每只扣5分		
4	实训器材及工作台的整理和保管		20	1. 丢失或损坏，每只扣5分 2. 工作台不整洁，扣5分		
得分		收获与体会				

课后作业

请画出CD4027集成的引脚排列顺序和引脚功能。

任务7　其他元器件的识别与检测

本任务介绍的其他元器件包括三端集成稳压器、扬声器和电源变压器。

集成稳压器又称为集成稳压电源，电路形式大多采用串联稳压方式。集成稳压器与分立元件稳压器相比较，具有外接元器件少、使用方便、性能稳定、价格低廉等优点，因而得到广泛应用。根据集成稳压器出线端子多少和使用情况大致可分为三端固定式、三端可调式、多端可调式及单片开关式等几种。这里仅介绍三端固定集成稳压器。

任务描述

提供三端集成稳压器78、79系列数只，1/4W扬声器、12V变压器各一个。

1）认识各实物外形及引脚。

2）用万用表检测器件质量好坏。

任务准备

一、三端固定集成稳压器

1. 三端固定集成稳压器概述

三端固定集成稳压器是一种串联调整式稳压器。它将全部电路集成在单块硅片上，整个集成稳压器只有输入、输出和公共三个引出端，使用非常方便。典型产品有78××正电压输出系列和79××负电压输出系列。常见三端固定集成稳压器如图5-39所示。

78××/79××系列中的型号××表示集成稳压器的输出电压的数值，以伏（V）为单位。两种系列稳压器输出的固定电压有5V、6V、7V、8V、9V、10V、12V、15V、18V及

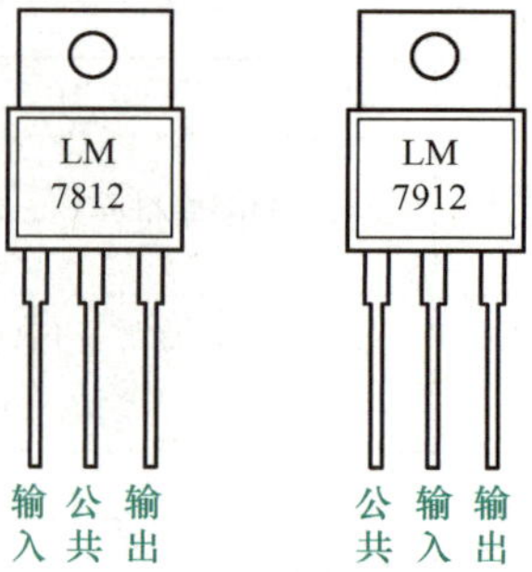

图 5-39　三端固定集成稳压器

24V 等。型号中间的字母通常表示输出电流大小，以 78（或 79）加字母来区分，L 表示 0.1A；M 表示 0.5A；无字母表示 1.5A。如 78L05 表示输出的固定电压为 5V，输出电流为 0.1A。后缀英文字母表示输出电压允差与封装形式等。

2. 三端集成稳压器的检测

78××系列集成稳压器的电阻值可用万用表蜂鸣挡测得。正测是指黑表笔接稳压器的接地端，红表笔依次接触另外两个引脚；负测指红表笔接稳压器的接地端，黑表笔依次接触另外两个引脚。

由于集成稳压器的品牌及型号众多，其电参数具有一定的离散性。通过测量集成稳压器各引脚之间的电阻值，也只能估测出集成稳压器是否损坏。若测得某两脚之间的正、反向电阻值均很小或接近 0Ω，则可判断该集成稳压器内部已被击穿损坏；若测得两脚之间的正、反向电阻值均为无穷大，则说明该集成稳压器已开路损坏；若测得集成稳压器的阻值不稳定，随温度的变化而改变，则说明该集成稳压器的热稳定性能不良。

即使测量集成稳压器的电阻值正常，也不能确定该稳压器就是完好的，还应进一步测量其稳压值是否正常。测量时，可在该集成稳压器的电压输入端与接地端之间加上一个直流电压（正极接输入端）。此电压应比被测稳压器的标称输出电压高 3V 以上（例如，被测集成稳压器是 7806，加的直流电压就为 9V），但不能超过其最大输入电压。若测得集成稳压器输出端与接地端之间的电压值输出稳定，且在集成稳压器标称稳压值的 ±5% 范围内，则说明该集成稳压器性能良好。79 系列三端集成稳压器的检测方法与 78 系列集成稳压器的检测方法相似。

测量开关性能的好坏也可通过数字万用表进行。“通”显示一定数值（开关电阻近似 0Ω），“断”则显示“1”。

二、扬声器

1. 扬声器的基础知识

扬声器是一种将电能转换成声音的设备。当不同的电子能量传至扬声器线圈时，线圈产生一种能量与磁铁的磁场互动，这种互动造成纸盘振动。由于电子能量随时变化，扬声器的线圈会往前或往后运动，因此扬声器的纸盘就会跟着运动。而此动作会使空气的疏密程度产生变化，进而产生声音。

电动式扬声器应用十分广泛，它又分为纸盆式、号筒式和球顶形三种。这里只介绍纸盆式扬声器。纸盆式扬声器又称为动圈式扬声器，如图 5-40 所示。它由三部分组成：振动系

图 5-40　扬声器及符号

统，包括锥形纸盆、音圈和定心支片等；磁路系统，包括永久磁铁、导磁板和场心柱等；辅助系统，包括盆架、接线端子、压边和防尘盖等。当处于磁场中的音圈有音频电流通过时，就会产生随音频电流变化的磁场，这一磁场和永久磁铁的磁场发生相互作用，使音圈沿着轴向振动。扬声器具有结构简单、低音丰满、音质柔和、频带宽的优点，但效率较低。电动式扬声器内部结构如图 5-41 所示。

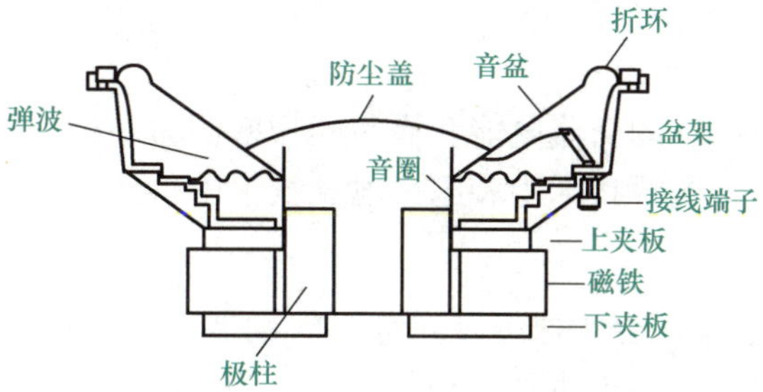

图 5-41　电动式扬声器内部结构

扬声器的检测

2. 扬声器的检测

（1）估测扬声器的好坏

准备 1 节 5 号干电池（1.5V），用导线将其负极与扬声器的某一端相接，再用电池的正极去触碰扬声器的另一端，正常的扬声器应发出清脆的“喀喀”声。若扬声器不发声，则说明该扬声器已损坏。若扬声器发声干涩沙哑，则说明该扬声器的质量不佳。

将数字万用表置于蜂鸣挡，红表笔接扬声器某一端，用黑表笔去点触扬声器的另一端，正常时，扬声器应有“喀喀”声，同时万用表显示电阻值，如图 5-42 所示。若扬声器不发声，万用表显示“1”，则说明扬声器音圈烧断或引线开路；若扬声器不发声，但阻值基本正常，则是扬声器的振动系统有问题。

（2）估测扬声器的阻抗

一般扬声器在磁体的商标上都有额定阻抗值。若遇到标记不清或标记脱落的扬声器，则可用万用表的电阻挡来估测出阻抗值。

测量时，万用表应置于蜂鸣挡，用两表笔分别接扬声器的两端，测出扬声器音圈的直流电阻值，而扬声器的额定阻抗通常为音圈直流电阻值的 1.17 倍。8Q 的扬声器音圈直流电阻值为 6.5 ~7.202Ω。在已知扬声器标称阻值的情况下，也可通过测量扬声器直流电阻值的方法来判断音圈是否正常。

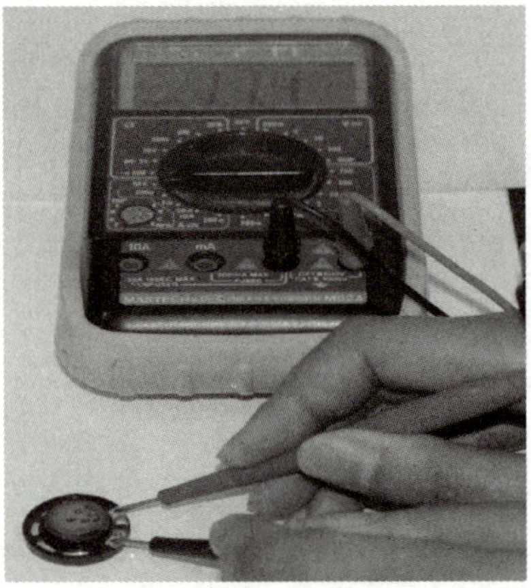

图 5-42　扬声器的检测

三、电源变压器

1. 功能

电源变压器可将一种电压的交流电能变换为同频率的另一种电压的交流电能。它作为一种主要的软磁电磁元件，在电源技术中和电力电子技术中得到了广泛的应用。

2. 分类与结构

根据传送功率的大小，电源变压器可以分为几类：10kV · A 以上为大功率，0.5 ~ 10kV · A 为中功率，25V · A ~ 0.5kV · A 为小功率，25V · A 以下为微功率。电源变压器的结构主要包括铁心和绕组。铁心是变压器中主要的磁路部分。绕组是变压器的电路部分，与电源相连的绕组，接收交流电能，称为一次绕组；与负载相连的绕组，送出交流电能，称为二次绕组。如图 5-43 所示。

图 5-43　电源变压器

3. 变压器的检测

（1）通过观察外形进行检测

如绕组引线是否断裂、脱焊；绝缘材料是否有烧焦痕迹；铁心紧固螺杆是否松动；硅钢片有无锈蚀；绕组线圈是否外露等。

（2）线圈通断的检测

将万用表置于蜂鸣挡，测试中，若某个绕组的电阻值为无穷大，则说明此绕组有断路故障。

（3）判别一、二次绕组

根据绕组直流阻值与电压近似成比例的原则，可分别测绕组阻值以确定一、二次绕组。如图 5-44 所示，测得阻值较大的一组为一次绕组，阻值较小的一组为二次绕组。

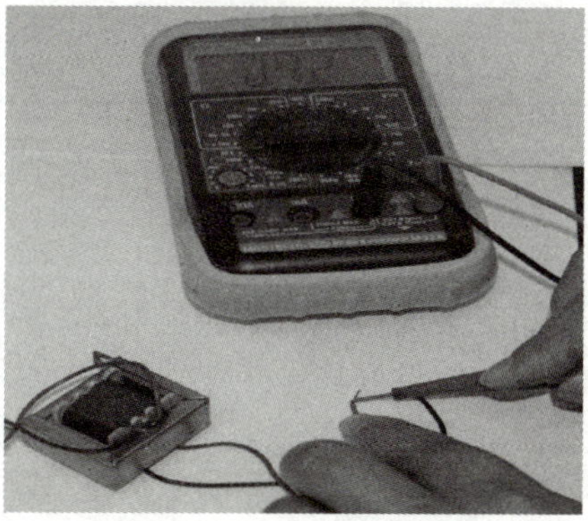

图 5-44　变压器的检测

任务实施

一、认一认

1. 请说出 CW7809、CW7909 三端集成稳压器的输入、输出和接地端。
2. 说一说扬声器的额定功率和阻抗大小。
3. 说一说变压器的额定功率和类型。

二、做一做

1. 请画出由 CW7809 三端集成稳压器组成的典型稳压电路。
2. 用万用表测量扬声器阻值，并判别质量好坏。
3. 用万用表测量变压器绕组阻值，并判别一、二次绕组。

任务评价（见表 5-13）

表 5-13　任务评价表

班　级	姓　名	日期	同　组　人	工　时	得　分
序　号	考核项目	配分	评分标准	扣　分	备　注
1	元器件识别	20	引脚判断错误，每只扣 5 分		
2	判断引脚排列	20	不会判断型号，每个扣 5 分		

（续）

序　号	考核项目		配分	评分标准	扣　分	备　注
3	用万用表测质量好坏		40	不会判断质量好坏，每个扣5分		
4	实训器材及工作台的整理和保管		20	1. 丢失或损坏，每个扣5分 2. 工作台不整洁，扣5分		
得分		收获与体会				

课后作业

1）练习用万用表测量三端固定集成稳压器的质量好坏。

2）练习用万用表测量扬声器的质量好坏。

3）练习用万用表测量变压器的质量好坏。

项目小结

本项目主要学习了常用电子元器件的识别与检测，包括了电阻器、电容器、二极管、晶体管、单结晶体管、晶闸管、集成电路以及其他元件的相关内容。其中，任务七的其他元器件中介绍的三端固定集成稳压器、扬声器和变压器，作为辅助内容。本项目的重点是能识别元器件并使用万用表对其进行检测，内容大多以初、中等级考核电路中的元器件为实例，为学习初、中级电子装配打下良好基础。

习　　题

一、填空题

1. 四色环“棕红橙金”电阻器的其标称阻值为________，允许误差为________。

2. 五色环“棕绿黑棕棕”电阻器的标称阻值为________，允许误差为________。

3. 如图5-45所示，电容器的表面标有“103”字样，其名称为________，标称容量为________μF。

图5-45　题3图

4. 目前市场上常见的型号为1N4007是________二极管。

5. 型号1N4148是________二极管；型号3AD15A是________晶体管。

6. 型号1N4148是________二极管；型号C9015是________类型的晶体管。

7. 晶体管的作用主要有________和________。

8. 对有光照和无光照条件下的反向电阻，有光照时，电阻________；无光照时，电阻________，如果电阻差别很小，则表明光电二极管质量不好。

9. 用数字万用表对晶体管的放大倍数进行检测时，开关打至“________”，显示晶体管参数________值。

10. 单向晶闸管导通必须具备两个条件：阳极 A 和阴极 K 之间加上________电压；门极 G 和阴极 K 之间必须加上一定大小的正向________电压。

二、选择题

1. 目前市场上常见的型号为 1N4001 的二极管是（　　）。

A. 整流二极管　　B. 稳压二极管　　C. 发光二极管　　D. 变容二极管

2. 下列晶体管型号中，类型不一样的是（　　）。

A. 9011　　B. 9012　　C. 9013　　D. 9014

3. 下列属于敏感电阻器的是（　　）。

A. 金属膜电阻器　　B. 线绕电阻器

C. 熔断电阻器　　D. 碳膜电阻器

4. 以下哪个选项是有极性的电容器？（　　）

A. 　　B. 　　C. 　　D. 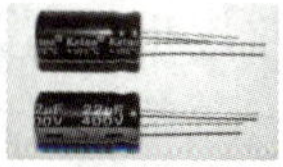

5. 选择晶体管的类型有误的是（　　）。

A. 根据电路工作频率确定选用低频管或高频管

B. 尽量选用低噪声的锗管

C. 大功率晶体管在使用时，因功耗较大，应按要求加装一定规格尺寸的散热片

D. 考虑晶体管工作的安全性

6. 稳压管正常工作于（　　）状态。

A. 正向电压　　B. 反向电压　　C. 饱和　　D. 无法确定

7. 单向晶闸管是一种由________层半导体材料构成的三端半导体器件，三个引出电极分别是________。（　　）

A. 三、A、K、G　　B. 四、A、T、G

C. 四、A、K、G　　D. 三、T1、T2、G

8. LM7809 三端集成稳压输出电压为（　　）。

A. 9V　　B. －9V　　C. 0～9V　　D. 不定

三、判断题

1. 五色环电阻的第四条色环表示误差值。（　　）

2. 测量电位器的总阻值是否与标称阻值相同，即可判别电位器的好坏。（　　）

3. 整流二极管有白色一环表示其负极。（　　）

4. 电解电容均为有极性电容。（　　）

5. 用数字万用表检测二极管的好坏时，正常情况是：正接显示一个 150～800 的数值，反接显示“1”。（　　）

6. 测试晶体管质量好坏时，只要满足 2 次正偏导通，4 次反偏截止即可。（　　）

7. 常用晶体管 90 系列管脚及极性的辨认，将管脚朝下，切口面朝自己，从左向右依次为 b、e、c 脚。（　　）

8. 利用数字万用表的蜂鸣器挡可以快速检查电解电容器的质量好坏。（　　）

9. 对单结晶体管进行简单质量检测时，测得的第一基极 b_1 和第二基极 b_2 之间的阻值为 $0\sim10k\Omega$，则说明此管质量良好。（　　）

10. 单向晶闸管的阳极与阴极之间具有单向导电的性能。（　　）

四、简答题

1. 如何判别晶体管的类型和管脚？
2. 如何判断单向晶闸管质量的好坏？
3. 如何判断扬声器质量的好坏？

课堂拓展

低压电器行业未来突破口和发展方向

（1）新技术领域与低压电器的融合将进一步加快

随着新技术不断地发展，新技术在低压电器应用起步并加速，智能化（人工智能）、数字化等将逐步融入低压行业各个领域，相关新技术同低压电器行业将会出现新的融合产物或将带来行业革命性的突破，包括新一代信息技术、人工智能与工业互联网、电子芯片与电力电子、智能网联汽车、智能能源管理等。

（2）低压直流技术将成为技术发展新趋势

近年来，随着直流微电网和分布式电源的崛起，低压直流设备与系统已在轨道交通、通信、船用电力、电动汽车充电设施、智能建筑、智能家居等领域得到了越来越广泛的应用。例如，混合式直流断路器、机械式直流断路器、固态直流断路器以及配套的核心模块等，这些都是行业未来技术研究发展的热点。

（3）智能制造在低压电器行业应用与推广将持续加速

对于主要采用传统劳动密集型生产方式的国内低压电器行业，随着人口红利的消失、企业对降本提速的迫切需求、产品可靠性、安全性的关注度不断提升，迫切需要通过智能制造技术来提升。我们已经具备一定的基础条件，结合人工智能技术，基于学习的装配与检测、生产线柔性化、预测性维护等新功能在低压电器行业中的应用范围将持续扩大。预计行业未来几年在线检测、自动化装配、预测性维护、基于 AR 的远程运维服务等典型应用将会在行业中逐渐推广与应用。

项目6

电子电路的安装与调试

项目目标

1）能根据工艺要求对元器件进行整形安装，能根据工艺要求进行焊接。
2）能对分立元件组成的多谐振荡电路进行安装、调试及排故。
3）能对单结晶体管组成的调光电路进行安装、调试及排故。

项目描述

常用工具的使用及电子元器件成型和焊接技术是电路安装制作的重要环节，也是必备的一项技术。

本项目主要介绍电子元器件成型工艺、焊接工艺要求以及分立元器件组成的多谐振荡电路的安装、调试及排故和单结晶体管组成的调光电路的安装、调试及排故。通过学习实践，初步掌握元器件成型和焊接工艺及电路制作过程，为电路装配后续学习打下良好基础。

任务1　电子元器件的成型及插装

任何电子设备都离不开电子元器件的安装，在安装电子元器件的过程中，应根据相关的要求及注意事项对其进行操作，保证产品质量，提高生产效率。

任务描述

提供每组30～50个不同电子元器件，按元器件成型、插装和焊点的工艺要求。规定15min内完成元器件整形。

任务准备

一、元器件成型的工艺要求

1）引线成型后，引线弯曲部分不允许出现模压、压痕和裂纹。

2）引线成型过程中，元器件本体不应该产生破裂，表面封装不应该损坏或开裂。

3）引线成型尺寸应符合安装尺寸要求。

4）凡是有标记的元器件，引线成型后，其型号、规格、标志符号应向上、向外，方向一致，以便目视识别。

5）元器件引线弯曲处要有圆弧形，其半径不得小于引线直径的 2 倍。元器件引线弯曲处离元器件封装根部至少 2mm 左右。

二、元器件的插装

1. 元器件引脚折弯及整形的基本要求

手工弯引脚可以借助镊子或小螺钉旋具对引脚整形。所有元器件引脚均不得从根部弯曲，一般应留 1.5mm 以上，因为制造工艺上的原因，根部容易折断。折弯半径应大于引脚直径的 1 ~2 倍，避免弯成死角。二极管、电阻等的引出脚应平直，要尽量将有字符的元器件面置于容易观察的位置，如图 6-1 所示。

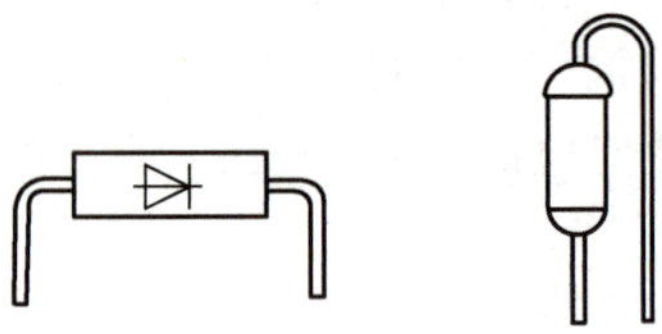

图 6-1　元器件的整形

2. 元器件插装的原则

1）电子元器件插装要求做到整齐、美观、稳固，元器件应插装到位，无明显倾斜、变形现象，同时应方便焊接并且有利于元器件焊接时的散热。

2）手工插装、焊接，应先插装那些需要机械固定的元器件，如功率器件的散热器、支架、卡子等，然后再插装需焊接固定的元器件。插装时，不要用手直接碰元器件引脚和印制电路板上的铜箔。手工插焊应遵循“先低后高、先小后大”的原则。

3）插装时，应检查元器件是否正确、无损伤；插装有极性的元器件，按电路板上的丝印进行插装，不得插反和插错；对于有空间位置限制的元器件，应尽量将元器件放在丝印范围内。

4）安装所有电子元器件时，其文字、数值标记应布置在容易目视的方向上（标记向上、向外），以易于检查和维修。

5）注意安装的先后顺序、位置方向和电极的极性。

三、元器件插装的方式

1）直立式。电阻器、电容器、二极管等都应竖直安装在印制电路板上。

2）俯卧式。二极管、电容器、电阻器等元器件均应俯卧式安装在印制电路板上。

3）混合式。为了适应各种不同条件的要求或某些位置受面积所限，在一块印制电路板上，有的元器件采用直立式安装，有的元器件采用俯卧式安装。

四、长短脚的插焊方式

1）长脚插装（手工插装）。插装时，可以用食指和中指夹住元器件，再准确插入印制电路板，如图6-2所示。

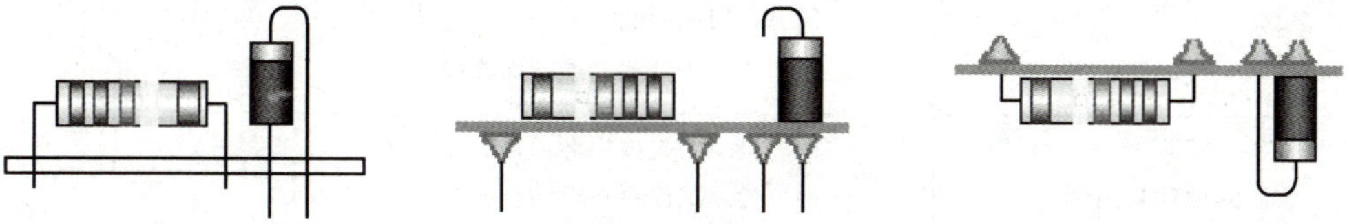

图6-2　长脚插装

2）短脚插装。短脚插装的元器件整形后，引脚很短，靠板插装。当元器件插装到位后，用镊子将穿过孔的引脚向内折弯，以免元器件掉出，如图6-3所示。

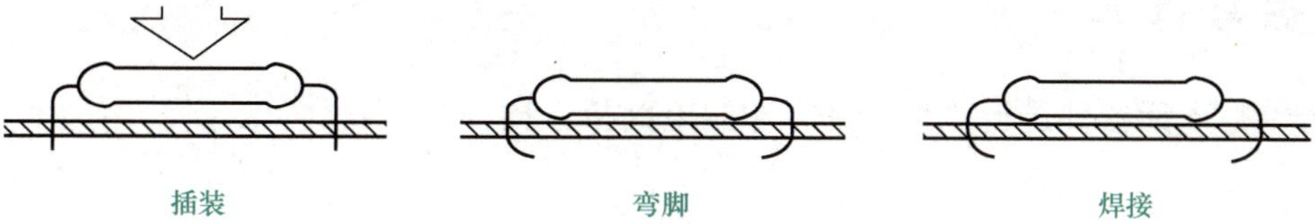

图6-3　短脚插装

任务实施

按元器件成型工艺要求，对元器件进行成型加工并快速在线路板上插装。

任务评价（见表6-1）

表6-1　任务评价表

班　级	姓　名	日期	同　组　人	工　时	得　分
序　号	考核项目	配分	评分标准	扣　分	备　注
1	元器件识别与检测	30	1. 元器件识别错一个，扣1分 2. 元器件检测错一个，扣2分		
2	元器件成型、插装与排列	30	1. 元器件成型不符合要求，每处扣1分 2. 插装位置、极性错误，每处扣2分 3. 元器件排列参差不齐，标记方向混乱，布局不合理，扣3～8分		

（续）

序号	考核项目		配分	评分标准	扣分	备注
3	导线连接		20	1. 导线弯曲、拱起，每处扣2分 2. 板上的连接线弯曲时不呈直角，每处扣2分 3. 每处相交或正面连线，扣2分		
4	实训器材及工作台的整理和保管		20	1. 丢失或损坏，每只扣5分 2. 工作台不整洁，扣5分		
得分		收获与体会				

课后作业

对若干电子元器件进行成型，并在印制电路板上插好。

任务2　手工焊接操作及工艺要求

在电子装接工艺中，手工焊接一直是不可缺少的操作手段，特别是在产品以多品种和小批量为主的场合，对SMC/SMD元器件的焊接也多以手工焊接为主。手工焊接的工艺要求对我们学习焊接工艺至关重要。

任务描述

提供每组30～50个不同电子元器件，按元器件成形、插装和焊点的工艺要求。规定15min内完成元器件整形和焊接。

任务准备

一、手工焊接操作

1. 准备施焊

准备好焊锡丝和烙铁。此时特别强调的是烙铁头部要保持干净。

2. 加热焊件

将烙铁接触焊接点。注意首先要用烙铁加热焊件各个部分，例如印制电路板上引线和焊盘都应使之受热，其次要注意让烙铁头的扁平部分（较大部分）接触体积较大的焊件，烙铁头的侧面或边缘部分接触体积较小的焊件，以保持焊件均匀受热。

3. 熔化钎料

当焊件加热到能熔化钎料的温度后将焊锡丝置于焊点，钎料开始熔化并润湿焊点。

4. 移开焊锡

当熔化一定量的焊锡后将焊锡丝移开。

5. 移开烙铁

当焊锡完全润湿焊点后移开烙铁，注意移开烙铁的方向应该是大致45°的方向。上述焊接过程，对一般焊点而言大约需要2～3s。此操作方法是掌握手工焊接的基本方法。特别是各步骤之间停留的时间，对保证焊接质量至关重要，只有通过实践才能逐步掌握。手工焊接操作示意图如图6-4所示。

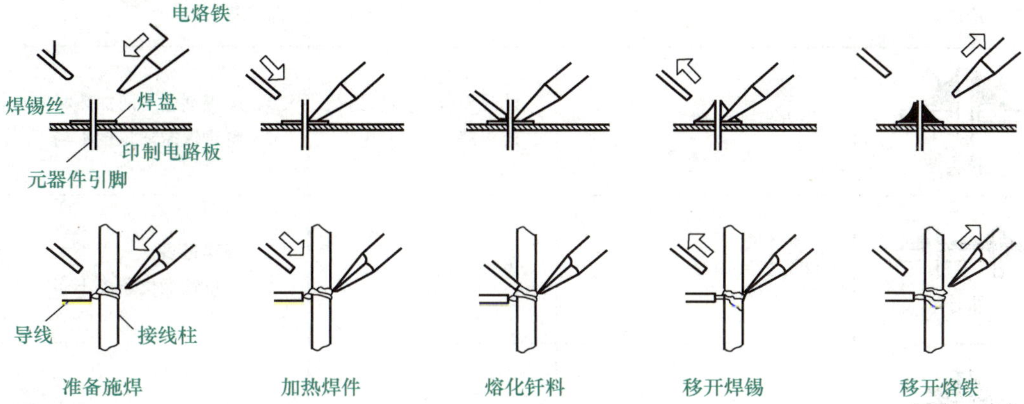

图6-4　手工焊接操作示意图

二、手工焊接焊点的工艺要求

高质量的焊点应具备以下几方面的要求。

1. 具有一定的机械强度

为保证被焊接件在受到振动或冲击时不出现松动，要求焊点有足够的机械强度。但不能使用过多的焊锡，避免焊锡堆积出现短路和桥接现象。

2. 保证其良好、可靠的电气性能

由于电流要流经焊点，为保证焊点有良好的导电性，必须要防止虚焊、假焊避免焊锡与被焊物表面没有形成合金，只是依附在被焊物的表面，导致焊点的接触电阻增大，影响整机的电气性能，以及避免电路出现时断时通的现象。

3. 具有一定的大小，且表面富有光泽、清洁美观

焊点的外观应美观、光滑、圆润、清洁、整齐、均匀，焊锡应充满整个焊盘，大小比例适中。

综上所述，一个合格的焊点从外观上看，必须达到以下要求：

1）形状以焊点的中心为界，左右对称，呈半弓形凹面。

2）焊料量均匀适当，表面光亮平滑，无毛刺和针孔。

3）焊角小于30°。

常见焊点的不良现象及原因分析见表6-2。

表6-2　常见焊点的不良现象及原因分析

焊点缺陷	外观特点	危　害	原因分析
 过热	焊点发白，表面较粗糙，无金属光泽	焊盘强度降低，容易剥落	电烙铁功率过大，加热时间过长
 冷焊	表面呈豆腐渣状颗粒，可能有裂纹	强度低，导电性能不好	焊料未凝固前，发生焊件抖动
 拉尖	焊点出现尖端	外观不佳，容易造成桥连短路	1. 助焊剂过少而加热时间过长 2. 电烙铁撤离角度不当
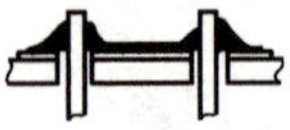 桥连	相邻导线连接	电气短路	1. 焊锡过多 2. 电烙铁撤离角度不当
 铜箔翘起	铜箔从印制板上剥离	印制电路板已被损坏	焊接时间太长，温度过高
 虚焊	焊锡与元器件引脚和铜箔之间有明显黑色界限，焊锡向界限凹陷	设备时好时坏，工作不稳定	1. 元器件引脚未清洁好、未镀好锡或锡氧化 2. 印制板未清洁好，喷涂的助焊剂质量不好
 焊料过多	焊点表面向外凸出	浪费焊料，可能包藏缺陷	焊丝撤离过迟
 焊料过少	焊点面积小于焊盘的80%，焊料未形成平滑的过渡面	机械强度不足	1. 焊锡流动性差或焊锡撤离过早 2. 助焊剂不足 3. 焊接时间太短

任务实施

1）按元器件成型工艺要求，对元器件进行成型加工并快速在印制电路板上插装。

2）按焊点工艺要求，把每个元器件进行焊接。

任务评价（见表6-3）

表6-3 评价表

班级	姓名		日期	同组人	工时	得分
序号	考核项目		配分	评分标准	扣分	备注
1	元器件识别与检测		20	1. 元器件识别错一个，扣1分 2. 元器件检测错一个，扣2分		
2	元器件成型、插装与排列		20	1. 元器件成型不符合要求，每处扣1分 2. 插装位置、极性错误，每处扣2分 3. 元器件排列参差不齐，标记方向混乱，布局不合理，扣3～8分		
3	导线连接		20	1. 导线弯曲、拱起，每处扣2分 2. 板上的连接线弯曲时不呈直角，每处扣2分 3. 每处相交或正面连线，扣2分		
4	焊接质量		20	1. 有搭锡、假焊、虚焊、漏焊、焊盘脱落、桥接等现象，每处扣2分 2. 出现毛刺、焊料过多、焊料过少、焊接点不光滑、引线过长等现象，每处扣2分		
5	实训器材及工作台的整理和保管		20	1. 丢失或损坏，每只扣5分 2. 工作台不整洁，扣5分		
得分		收获与体会				

课后作业

对若干电子元器件进行成型，在印制电路板上插接好并按规范要求焊好。

任务3 多谐振荡电路的安装、调试与排故

任务描述

根据图6-5所示的考核电路，要求在规定90min的时间里完成如下任务：

1）认识电路的组成，分析电路的工作原理。

2）制作电路，完成相应功能。

3）正确测试相关数据。

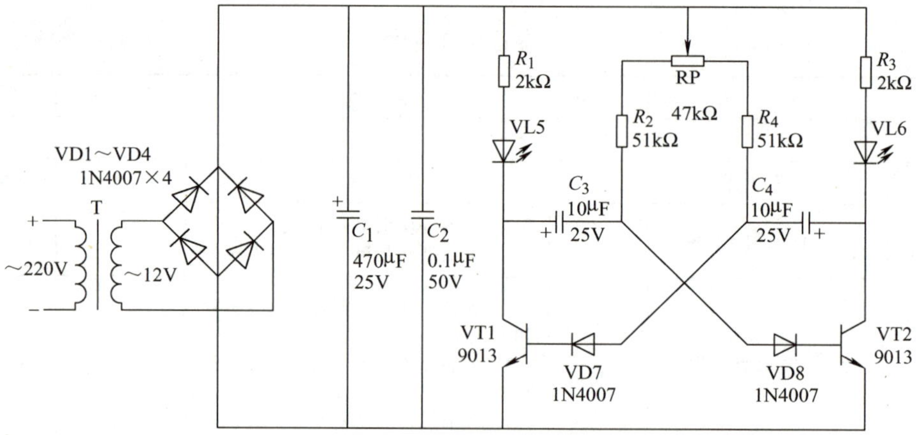

图 6-5　考核电路

任务准备

一、桥式整流电容滤波电路

如图 6-6 所示，桥式整流电容滤波电路由 VD1 ~ VD4 和 C_1 构成，当输入 12V 交流电压时，经 VD1 ~ VD4 组成的桥式整流电路把交流电变成单向脉动的直流电输出，再经电容器 C_1 滤波后把脉动直流电变成平滑的直流电。最终输出 $U_c = 1.2U_2$（带负载），即 14.4V 的直流电压。C_2 的主要作用是退偶，也称为高频滤波。

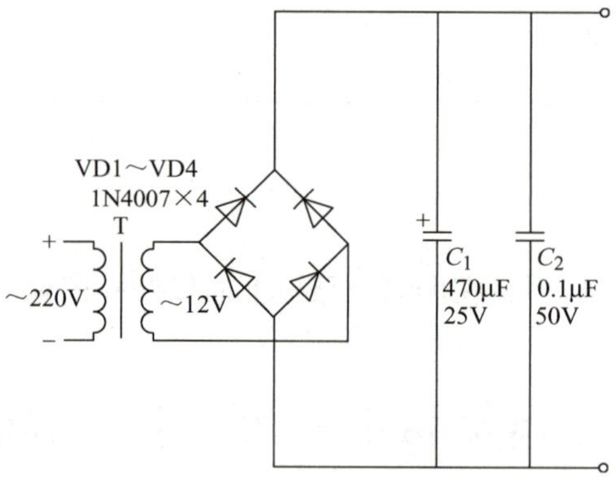

图 6-6　桥式整流电容滤波电路

二、多谐振荡器电路

多谐振荡器电路是一种矩形波产生电路。这种电路不需要外加触发信号，便能连续地、周期性地自行产生矩形脉冲。该脉冲是由基波和多次谐波构成，因此称为多谐振荡器。

1. 电路组成

如图 6-7 所示，由 R_1、R_2、R_3、R_4、C_3、C_4、VT1、VT2、VL5、VL6、VD7、VD8 和 *RP* 组成多谐振荡电路。

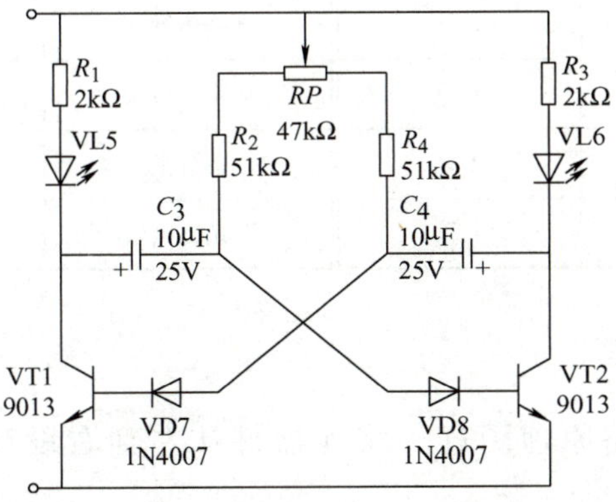

图 6-7　多谐振荡电路

当电源接通时，多谐振荡电路工作，VL5、VL6 发光二极管周期性发光。

2. 功能介绍

由于电路参数的微小差异和正反馈使一只晶体管饱和、另一只晶体管截止。设 VT1 饱和，VT2 截止。

工作原理：

1）VT1 饱和瞬间，U_{C1} 由 $+U_{CC}$ 突变到接近 0，迫使 VT2 的基极电位 U_{B2} 也下降到接近 0，于是 VT2 可靠截止。

2）第一个暂稳态。

C_4充电：$+U_{CC}$——R_4——C_{4+}——VT1（b-e）

C_3放电：C_{3+}——VT1（c-e）——地——$+U_{CC}$——R_2——C_{3-}

3）翻转。当 U_{B2} 随着 C_3 放电（反向充电）而升高到大于 +0.5V 时，VT2 开始导通，通过正反馈使 VT1 截止，VT2 饱和。

4）第二个暂稳态。

C_3充电：$+U_{CC}$——R_1——C_{3+}——VT2（b-e）

C_4放电：C_{4+}——VT2（c-e）——地——$+U_{CC}$——*RP*——R_4——C_{4-}

5）不断循环往复，便形成了自激振荡。

任务实施

一、认一认，检一检

根据以下元器件清单（见表 6-4）逐一识别，清点有无缺损，并用万用表检测质量好坏。

表 6-4　元器件清单

名　称	型　号	数　量	名　称	型　号	数　量
电阻器	2kΩ	2 只	电位器	47kΩ	1 只
	51kΩ	2 只	晶体管	9013	2 只
电容器	470μF/25V	1 只	整流二极管	1N4007	6 只
	10μF/25V	2 只	小灯泡	36V/60W	1 只
	0.1μF	1 只	发光二极管		2 只

二、装一装，焊一焊

1）布局插装。按电路原理图逐一将元器件从左到右设计插装在万能板上，合理布局。

2）焊接连线。焊接所有元器件焊点及连接点，适当地处理某些断点。注意工艺要求。

3）装配完毕，对照原理图检查有无元器件装错、连接错误、漏焊、虚焊等。

三、调一调，测一测

1. 发光二极管 VL5 亮时，测量：U_{LED} = ______ V；VT_1集电极电压 U_{C1} = ________ V；VT_2集电极电压 U_{C2} = ________ V；

2. 发光二极管 VL6 亮时，测量：U_{LED} = ______ V；VT_1集电极电压 U_{C1} = ________ V；VT_2集电极电压 U_{C2} = ________ V。

四、故障分析

多谐振荡电路

（1）发光二极管 VL5 不发光

1）发光二极管 VL5 是否接反，用万用表检查发光二极管 VL5 极性。

2）晶体管 VT1 的 b、e 两极间是否短路，R_1和 VL5 支路是否存在断路，可用万用表的电阻挡进行通、断路检测，也可在通电的状态下用万用表的直流 10V 挡对此电路进行电位检测。

3）晶体管 VT1 是否有引脚接错。

（2）发光二极管 VL5 一直发光

1）晶体管 VT1 的 c、e 两管脚间是否短路。

2）晶体管 VT2 的 b、e 两管脚间是否短路。

3）R_2到 VT2 的 b 极支路是否有断路。

4）晶体管 VT2 是否有引脚接错。

任务评价（见表6-5）

表 6-5　任务评价表

班　　级	姓　　名		日期	同　组　人	工　　时	得　　分
序　　号	考核项目		配分	评分标准	扣　　分	备　　注
1	元器件检测		20	1. 不能识别元器件，每只扣2分 2. 不会检测元器件，每只扣2分		
2	电路装配		20	1. 电路安装功能不全，参照电路图中配分按比例扣分 2. 在定额工时内返工不扣分，但不允许超时		
3	工艺要求		20	1. 元器件布局排列不合理，扣1~5分 2. 元器件安装、成型不规范，扣1~5分 3. 连接线不合理，多余，扣1~5分 4. 焊点质量不规范，扣1~5分		
4	数据测试		20	1. 测量数据误差超出正常范围，每处扣2分，扣完为止 2. 若电路无功能，数据、波形虚假的，本次考核计零分 3. 数据或波形有概念错误，每处扣4分，可扣至负分		
5	安全文明规范操作		20	1. 发生短路或其他事故，扣20分，并加扣元器件损坏每个5分 2. 考核15min后，凡调换、补发元器件的，每只扣5分 3. 不会检测元器件，通电测试不当，每处扣3~5分 4. 考试完毕，不清理工位，扣5分		
得分		收获与体会				

课后作业

按照图6-5所示考核电路安装多谐振荡电路，并进行调试与排故。

任务4　晶闸管直流调光电路的安装、调试与排故

任务描述

根据图6-8所示的考核电路，要求在规定90min的时间里完成如下任务：

1）认识电路的组成，分析电路的工作原理。

2）制作电路，完成相应功能。

3）正确测试相关数据。

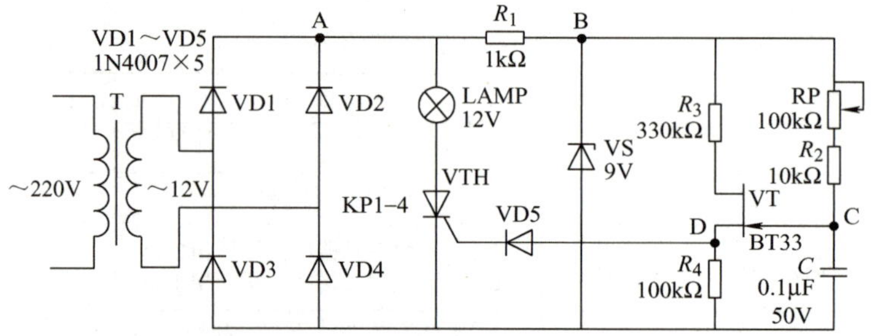

图 6-8　考核电路

任务准备

一、电路组成及功能

1）如图 6-9 所示，由 VD1 ~ VD4 组成桥式整流电路，将交流电转换成脉动直流电。

2）由 R_1 和 VS 组成简单的稳压电路，稳压值为 9V。

3）如图 6-10 所示，由 R_2、R_3、R_4、C、RP、VT 组成单结晶体管尖脉冲振荡电路。

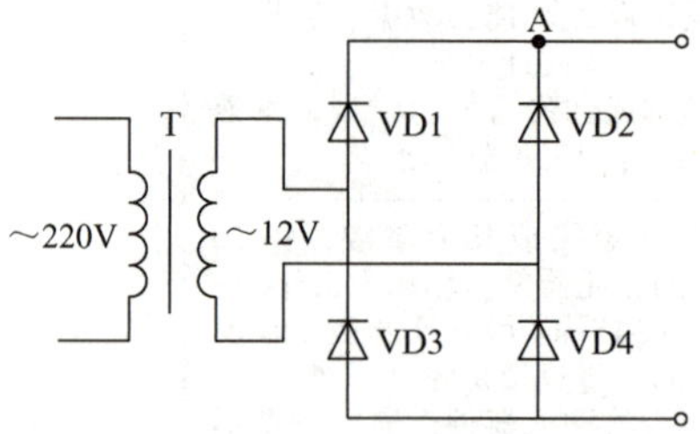

图 6-9　桥式整流电路

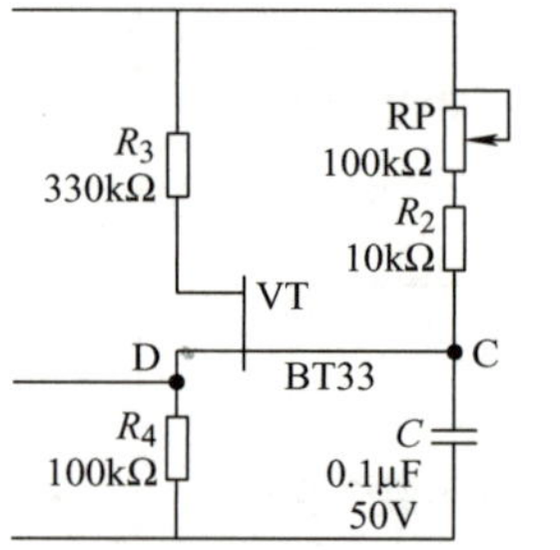

图 6-10　尖脉冲振荡电路

二、电路工作原理

交流 12V 经整流滤波后，一方面，通过 R_1、VS 限流稳压，供给单结晶体管尖脉冲振荡电路；另一方面，将电压加在晶闸管的阳极。当由 D 点输出尖脉冲波通过 VD5 送给晶闸管门极时，晶闸管导通，灯亮。调节 RP 可以改变尖脉冲的频率。尖脉冲频率的改变即改变了对单向晶闸管的控制角，控制角越小，导通角越大，灯泡越亮；控制角越大，导通角越小，灯泡越暗，从而实现灯泡亮度的调节，即调光。

任务实施

一、认一认，检一检

根据以下元器件清单（见表 6-6）逐一识别元器件，清点有无缺损，并用万用表检测质量好坏。

表 6-6　元器件清单

名　称	型　号	数　量	名　称	型　号	数　量
电阻器	2k	1	晶闸管	3CT3A	1
	330	1	单结晶体管	BT33	1
	10k	1	稳压管	12V/0.5W	1
	100	1	整流二极管	1N4007	5
电位器	100k	1	小灯泡	36V/60W	1
电容器	104	1	电路板		1

二、装一装，焊一焊

1）布局插装。按电路原理图将元器件逐一从左到右设计插装在万能板上，合理布局。

2）焊接连线。焊接所有元器件焊点及连接点，适当地处理某些断点。注意工艺要求。

3）装配完毕，对照原理图检查有无元器件装错、连接错误、漏焊及虚焊等。

电路装接参考图如图 6-11 所示。

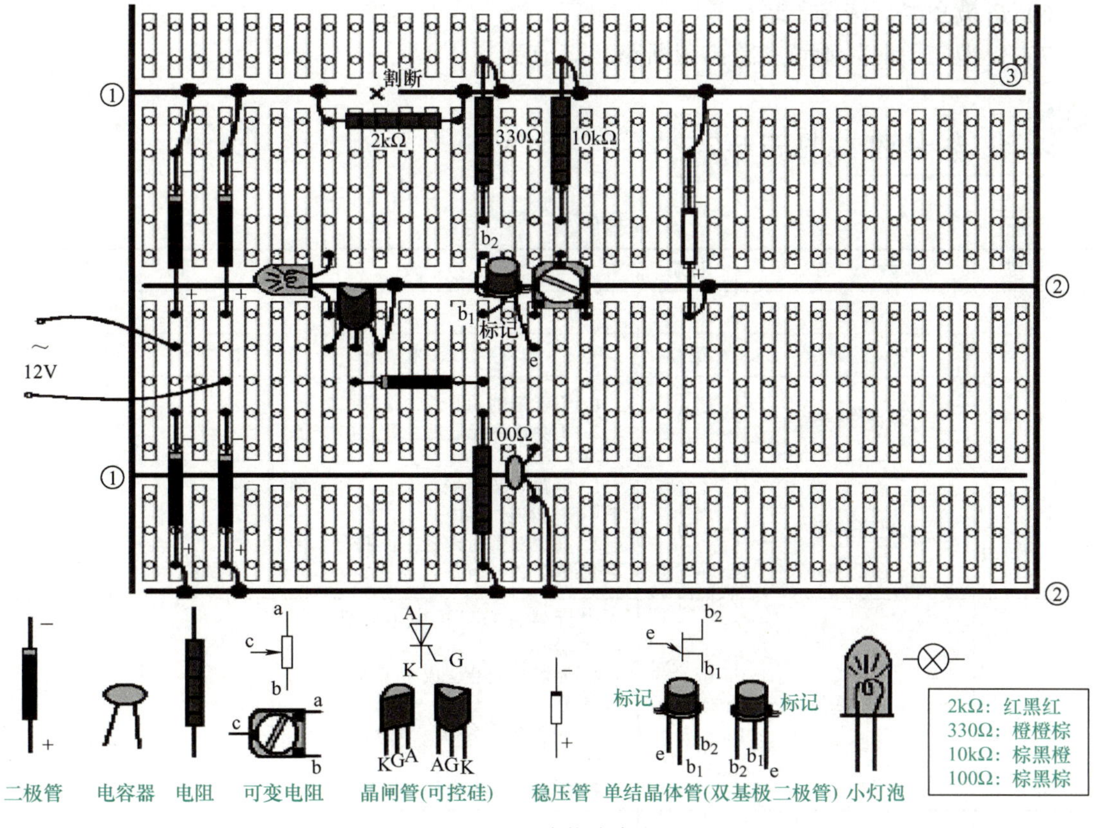

图 6-11　电路装接参考图

三、调一调，测一测

1）变压器二次侧交流电压为________V；U_A = ________V；U_B = ________V。

2）$R_P=0$ 时，小灯泡两端电压为________V；此时，U_C =________V；U_D =________V。

3）$R_P=100k\Omega$ 时，小灯泡两端电压为________。

4）调节 R_P 使小灯泡微亮时，两端电压为________。

四、故障分析

1）整流电路。二极管接反，出现断路。

2）稳压电路。稳压管方向接反，单结晶体管尖脉冲振荡电路没有正常电压而不工作。

3）单结晶体管尖脉冲振荡电路。

①VT 管脚错电路不能振荡。

② R_2 或 R_3 接错或断路不能振荡。

③电容 C 接错位或断路不能振荡。

4）VD5 方向错没有控制信号。

5）单向晶闸管管脚接错或断路不能工作。

6）R_1 被短路灯泡调不暗。

7）灯泡与单向晶闸管支路出现断路，灯泡不亮。

任务评价（见表 6-7）

表 6-7　评价表

班　级	姓　名	日期	同 组 人	工　时	得　分
序　号	考核项目	配分	评分标准	扣　分	备　注
1	元器件检测	20	1. 不能识别元器件，每只扣 2 分 2. 不会检测元器件，每只扣 2 分		
2	电路装配	20	1. 电路安装功能不全，参照电路图中配分按比例扣分 2. 在定额工时内返工不扣分，但不允许超时		
3	工艺要求	20	1. 元器件布局排列不合理，扣 1～5 分 2. 元器件安装、成型不规范，扣 1～5 分 3. 连接线不合理，多余，扣 1～5 分 4. 焊点质量不规范，扣 1～5 分		
4	数据测试	20	1. 测量数据误差超出正常范围，每处扣 2 分，扣完为止 2. 若电路无功能，数据、波形虚假的，本次考核计零分 3. 数据或波形有概念错误，每处扣 4 分，可扣至负分		

（续）

序　号	考核项目		配分	评分标准	扣　分	备　注
5	安全文明规范操作		20	1. 发生短路或其他事故，扣 20 分，并加扣元器件损坏每个 5 分 2. 考核 50min 后，凡调换、补发元器件的，每只扣 5 分 3. 不会检测元器件，通电测试不当，每处扣 3 ~5 分 4. 考试完毕，不清理工位，扣 5 分		
得分		收获与体会				

课后作业

按照图 6-8 所示考核电路安装晶闸管直流调光电路，并进行调试与排故。

项目小结

本项目主要介绍电子元器件成型工艺要求、焊接工艺要求以及多谐振荡电路的安装、调试及排故和晶闸管组成的调光电路的安装、调试及排故。通过学习实践，初步掌握元器件成型和焊接工艺及电路制作过程，为电路装配后续学习打下良好基础。

习　题

一、填空题

1. 元器件插装的方式有________、________、________，二极管、电容等都是竖直安装在印制电路板上。

2. 多谐振荡电路是一种________电路，这种电路不需要________，便能连续地、________地自行产生矩形脉冲。

3. 已知桥式整流电容滤波电路输入 10V 交流电压，在带负载的情况下输出电压是________V，在不带负载的情况下输出电压是________V。

二、选择题

1. 一个合格的焊点从外观上看，必须达到什么要求？(　　)

A. 形状以焊点的中心为界，左右对称，呈半弓形凹面

B. 焊料量均匀适当，表面光亮平滑，无毛刺和针孔

C. 焊角小于 30°

D. 以上均正确

2. 元器件插装的原则叙述不正确的是（　　）。

A. 电子元器件插装要做到整齐、美观、稳固

B. 元器件应插装到位，无明显倾斜、变形现象

C. 手工插装时，应先插装那些不需要机械固定的元器件

D. 插装有极性的元器件，应按电路板上的丝印进行插装，不得插反和插错

3. 多谐振荡电路发光二极管 VL5 不发光，可能的原因是（　　）。

A. 发光二极管 VL5 是否接反

B. 晶体管 VT1 的 b、e 两极间是否短路，R_1和 VL5 支路是否存在断路

C. 晶体管 VT1 是否有引脚接错

D. 以上均是

4. 多谐振荡电路发光管 VL5 一直发光，可能的原因是（　　）。

A. 晶体管 VT1 的 c、e 两极间是否短路

B. 晶体管 VT2 的 b、e 两极间是否短路

C. R_2到 VT2 的 b 极支路是否有断路

D. 以上均是

5. 单结晶体管尖脉冲振荡电路不能振荡的原因可能有（　　）。

A. VT 管脚接错

B. R_2或 R_3接错或断路

C. 电容器 C 接错位置或断路

D. 以上均是

三、简答题

1. 元器件成型的工艺要求有哪些？

2. 高质量的焊点应具备哪些要求？

3. 试分析多谐振荡器中 C_3、C_4充电和放电路径。

4. 试分析单结晶体管尖脉冲振荡电路的工作原理。

附 录

初级维修电工考核试题

试题 1　三相异步电动机双重联锁正、反转控制电路安装与调试

姓名：＿＿＿＿＿＿准考证号：＿＿＿＿＿＿单位：＿＿＿＿＿＿工位号：＿＿＿＿＿＿

试题　设计、安装与调试

本题分值：40 分
考核时间：150min
考核内容：

按照对图 A-1 所示三相异步电动机双重联锁正、反转控制电路进行安装与调试。

1. 考核要求

1）按图纸的要求正确熟练地安装，元器件在配线板上布置要合理，安装要正确、紧固，配线要求紧固、美观，导线要穿线槽。正确使用工具和仪表。

2）按钮盒不固定在板上，电源和电动机配线、按钮接线要接到端子排上，进、出线槽的导线要有端子标号。

3）考核注意事项：引出端用别径压端子。一律在考核时间内完成。安全文明操作。

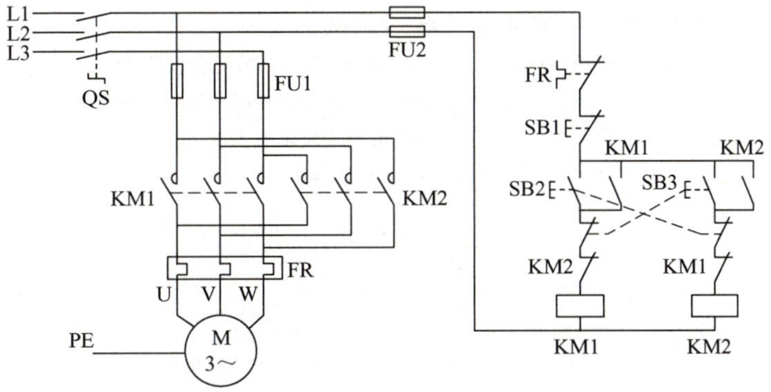

图 A-1　三相异步电动机双重联锁正、反转控制电路

2. 配分、评分标准（见表 A-1）

表 A-1 配分、评分标准

序号	主要内容	考核要求	评分标准	配分	扣分	得分
1	元器件安装	1. 按图纸的要求正确使用工具和仪表，熟练安装电器元件 2. 元器件在配电板上布置要合理，安装要准确、紧固 3. 按钮盒不固定在板上	1. 元器件布置不整齐、不均匀、不合理，每只扣 1 分 2. 元器件安装不牢固，安装元器件时漏装螺钉，每只扣 1 分 3. 损坏元器件，每只扣 2 分	5		
2	布线	1. 接线要求美观、紧固、无毛病，导线要进入线槽 2. 电源和电动机配线、按钮接线要接到端子排上，进、出线槽要有端子标号，引出端要用别径压端子	1. 电动机运行正常，如不按电路图接线，扣 2 分 2. 布线不进入线槽，不美观，主电路、控制电路每根扣 0.5 分 3. 接点松动、露铜过长、反圈、压绝缘层，标记线号不清楚、遗漏或误标，引出端无别径压端子，每处扣 0.5 分 4. 损伤导线绝缘或线芯，每根扣 0.5 分	15		
3	通电试验	在保证人身和设备安全的前提下，通电试验一次成功	1. 热继电器整定值错误，扣 2 分 2. 主电路、控制电路配错熔体，每个扣 1 分 3. 一次试车不成功，扣 5 分；二次试车不成功，扣 10 分；三次试车不成功，扣 15 分	20		
4	安全文明生产	1. 劳动保护用品穿戴整齐 2. 电工工具配备齐全 3. 遵守各项安全操作规程 4. 尊重考评员，讲文明礼貌 5. 考试结束要清理现场	1. 违反安全文明生产考核要求的任何一项，扣 1 分 2. 当考评员发现考生有重大人身事故隐患时，要立即予以制止，扣 2 ~ 10 分 3. 以上内容从本项目总分中扣除，扣完为止 4. 要求遵守考场纪律，不能出现重大事故。出现严重违反考场纪律的事项或发生重大事故，本次考核视为不合格			
备注			合计	40		
			考评员签字： 年 月 日	总分：		

评分人： 年 月 日　　　　核分人： 年 月 日

试题 2　两台三相异步电动机顺序起动、逆序停止控制电路安装与调试

姓名：＿＿＿＿＿＿准考证号：＿＿＿＿＿＿单位：＿＿＿＿＿＿工位号：＿＿＿＿＿＿

试题　设计、安装与调试

本题分值：40 分
考核时间：150min
考核内容：

对图 A-2 所示两台三相异步电动机顺序起动、逆序停止控制电路进行安装和调试。

1. 考核要求

1）按图纸的要求正确熟练地安装，元器件在配线板上布置要合理，安装要正确、紧固，配线要求紧固、美观，导线要穿线槽。正确使用工具和仪表。

2）按钮盒不固定在板上，电源和电动机配线、按钮接线要接到端子排上，进、出线槽的导线要有端子标号。

3）考核注意事项：引出端用别径压端子。一律在考核时间内完成。安全文明操作。

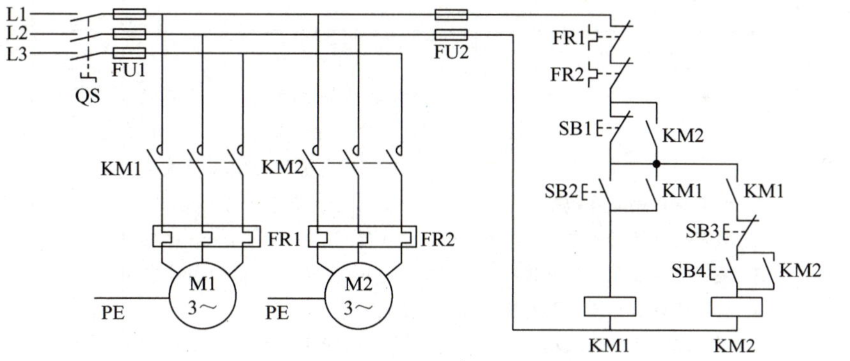

图 A-2　两台三相异步电动机顺序起动、逆序停止控制电路

2. 配分、评分标准（见表 A-2）

表 A-2　配分、评分标准

序号	主要内容	考 核 要 求	评 分 标 准	配　分	扣　分	得　分
1	元器件安装	1. 按图纸的要求正确使用工具和仪表，熟练安装电气元件 2. 元器件在配电板上布置要合理，安装要准确、紧固 3. 按钮盒不固定在板上	1. 元器件布置不整齐、不均匀、不合理，每只扣 1 分 2. 元器件安装不牢固，安装元器件时漏装螺钉，每只扣 1 分 3. 损坏元器件，每只扣 2 分	5		

（续）

序号	主要内容	考核要求	评分标准	配分	扣分	得分
2	布线	1. 接线要求美观、紧固、无毛病，导线要进入线槽 2. 电源和电动机配线、按钮接线要接到端子排上，进、出线槽要有端子标号，引出端要用别径压端子	1. 电动机运行正常，如不按电路图接线，扣2分 2. 布线不进入线槽，不美观，主电路、控制电路每根扣0.5分 3. 接点松动、露铜过长、反圈、压绝缘层，标记线号不清楚、遗漏或误标，引出端无别径压端子，每处扣0.5分 4. 损伤导线绝缘或线芯，每根扣0.5分	15		
3	通电试验	在保证人身和设备安全的前提下，通电试验一次成功	1. 热继电器整定值错误，扣2分 2. 主电路、控制电路配错熔体，每个扣1分 3. 一次试车不成功，扣5分；二次试车不成功，扣10分；三次试车不成功，扣15分	20		
4	安全文明生产	1. 劳动保护用品穿戴整齐 2. 电工工具配备齐全 3. 遵守各项安全操作规程 4. 尊重考评员，讲文明礼貌 5. 考试结束要清理现场	1. 违反安全文明生产考核要求的任何一项，扣1分 2. 当考评员发现考生有重大人身事故隐患时，要立即予以制止，扣2～10分 3. 以上内容从本项目总分中扣除，扣完为止 4. 要求遵守考场纪律，不能出现重大事故。出现严重违反考场纪律的事项或发生重大事故，本次考核视为不合格			
备注			合计	40		
			考评员签字： 年 月 日	总分：		

评分人： 年 月 日　　　　核分人： 年 月 日

试题3　三相异步电动机拖动工作台自动往返控制电路安装与调试

姓名：＿＿＿＿＿＿准考证号：＿＿＿＿＿＿单位：＿＿＿＿＿＿工位号：＿＿＿＿＿＿

试题　设计、安装与调试

本题分值：40 分
考核时间：150min
考核内容：

对图 A-3 所示三相异步电动机拖动工作台自动往返控制电路进行安装与调试。

1. 考核要求

1）按图纸的要求正确熟练地安装，元器件在配线板上布置要合理，安装要正确、紧固，配线要求紧固、美观，导线要穿线槽。正确使用工具和仪表。

2）按钮盒不固定在板上，电源和电动机配线、按钮接线要接到端子排上，进、出线槽的导线要有端子标号。

3）考核注意事项：引出端用别径压端子。一律在考核时间内完成。安全文明操作。

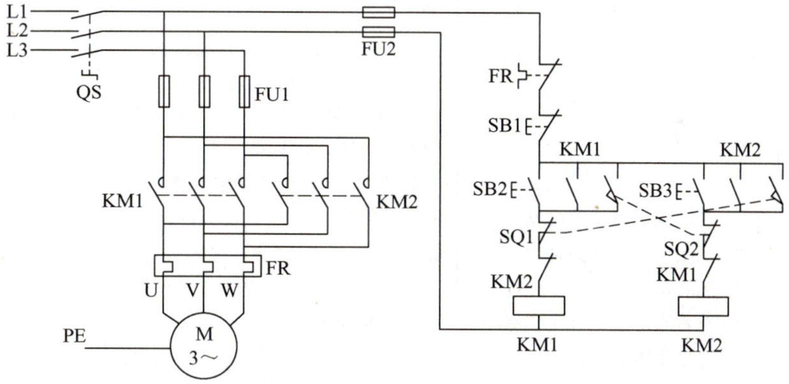

图 A-3　三相异步电动机拖动工作台自动往返控制电路

2. 配分、评分标准（见表 A-3）

表 A-3　配分、评分标准

序号	主要内容	考核要求	评分标准	配　分	扣　分	得　分
1	元器件安装	1. 按图纸的要求正确使用工具和仪表，熟练安装电气元件 2. 元器件在配电板上布置要合理，安装要准确、紧固 3. 按钮盒不固定在板上	1. 元器件布置不整齐、不均匀、不合理，每只扣1分 2. 元器件安装不牢固，安装元器件时漏装螺钉，每只扣1分 3. 损坏元器件，每只扣2分	5		

（续）

序号	主要内容	考核要求	评分标准	配分	扣分	得分
2	布线	1. 接线要求美观、紧固、无毛病，导线要进入线槽 2. 电源和电动机配线、按钮接线要接到端子排上，进、出线槽的要有端子标号，引出端要别径压端子	1. 电动机运行正常，如不按电路图接线，扣2分 2. 布线不进入线槽，不美观，主电路、控制电路每根扣0.5分 3. 接点松动、露铜过长、反圈、压绝缘层，标记线号不清楚、遗漏或误标，引出端无别径压端子，每处扣0.5分 4. 损伤导线绝缘或线芯，每根扣0.5分	15		
3	通电试验	在保证人身和设备安全的前提下，通电试验一次成功	1. 热继电器整定值错误，扣2分 2. 主电路、控制电路配错熔体，每个扣1分 3. 一次试车不成功，扣5分；二次试车不成功，扣10分；三次试车不成功，扣15分	20		
4	安全文明生产	1. 劳动保护用品穿戴整齐 2. 电工工具配备齐全 3. 遵守各项安全操作规程 4. 尊重考评员，讲文明礼貌 5. 考试结束要清理现场	1. 违反安全文明生产考核要求的任何一项，扣1分 2. 当考评员发现考生有重大人身事故隐患时，要立即予以制止，扣2~10分 3. 以上内容从本项目总分中扣除，扣完为止 4. 要求遵守考场纪律，不能出现重大事故。出现严重违反考场纪律的事项或发生重大事故，本次考核视为不合格			
备注			合计	40		
			考评员签字： 年 月 日	总分：		

评分人： 年 月 日　　　　核分人： 年 月 日

试题 4　导线处理

姓名：____________准考证号：____________单位：____________工位号：____________

试题　基本技能及仪表使用

本题分值：15 分

考核时间：15min

考核内容：

1）进行 1.5mm^{2}单股铜芯绝缘导线的直线连接，并在连接处进行绝缘恢复。

2）进行 7/1.7mm^2（16 mm^2）多股铜芯导线（或铝导线）的直线连接，并在连接处进行绝缘恢复。

注：考核时，以上两项内容可任选一项进行考试。

1. 考核要求

1）连接方法正确，符合规定；连接紧密，缠绕圈数合适，不得损伤导线，在导线连接处包缠两层绝缘带，方法正确，质量符合要求。

2）使用工具正确。

3）考核注意事项：安全文明操作。

2. 配分、评分标准（见表 A-4）

表 A-4　配分、评分标准

序号	主要内容	考核要求	评分标准	配分	扣分	得分
1	导线连接	正确剥削导线绝缘层，正确缠绕导线，并且缠绕紧密，切口应平整，不得损伤线芯	1. 剥削导线绝缘层方法不正确，扣 2 分 2. 缠线方法不正确，扣 3 分 3. 密排但绕不紧、有间隙，每处扣 2 分 4. 导线缠绕不平整，扣 2 分 5. 切口不平整，每处扣 2 分 6. 线芯被严重损伤，每处扣 3 分	9		
2	恢复绝缘	在导线连接处包缠两层绝缘带，方法正确，质量符合要求	1. 包缠方法不正确，扣 2～3 分 2. 包缠质量达不到要求，扣 2～3 分	6		
3	安全文明生产	1. 劳动保护用品穿戴整齐 2. 电工工具配备齐全 3. 遵照各项安全操作规程 4. 尊重考评员，讲文明礼貌 5. 考试结束要清理现场	1. 违反安全文明生产考核要求的任何一项，扣 2 分 2. 当考评员发现考生有重大人身事故隐患时，要立即予以制止，扣 2～10 分 3. 以上内容从本项目总分中扣除，扣完为止			

（续）

序号	主要内容	考核要求	评分标准	配分	扣分	得分
备注			合计	15		
			考评员签字： 年 月 日	总分：		

评分人： 年 月 日 核分人： 年 月 日

试题 5 用万用表测量电阻

姓名：__________准考证号：__________单位：__________工位号：__________

试题 基本技能及仪表使用

本题分值：15 分

考核时间：15min

考核内容：

用万用表测量电阻。

1. 考核要求

1）用万用表正确测量被测电阻的阻值，每考生至少测量 3 个以上电阻。

2）考核注意事项：不能损坏仪器、仪表，损坏仪器、仪表扣 10 分。

2. 配分、评分标准（见表 A-5）

表 A-5 配分、评分标准

序号	主要内容	考核要求	评分标准	配分	扣分	得分
1	测量准备	测量准备工作到位	万用表测量挡位选择不正确，扣 2 分	3		
2	测量过程	测量过程准确无误	测量过程中，操作步骤每错一次，扣 2 分	5		
3	测量结果	测量结果在误差范围之内	测量结果有较大误差或错误，扣 2～3 分	5		
4	维护保养	对使用的仪器、仪表进行简单的维护保养	维护保养有误，扣 1～2 分	2		
5	安全文明生产	1. 劳动保护用品穿戴整齐 2. 电工工具配备齐全 3. 遵守各项安全操作规程 4. 尊重考评员，讲文明礼貌 5. 考试结束要清理现场	1. 违反安全文明生产考核要求的任何一项，扣 2 分 2. 当考评员发现考生有重大人身事故隐患时，要立即予以制止，扣 2～10 分 3. 以上内容从本项目总分中扣除，扣完为止			
备注			合计	15		
			考评员签字： 年 月 日	总分：		

评分人： 年 月 日 核分人： 年 月 日

试题 6 用万用表判别电容器好坏并比较容量

姓名：____________ 准考证号：____________ 单位：____________ 工位号：____________

试题 基本技能及仪表使用

本题分值：15 分
考核时间：20min
考核内容：

用万用表判别电容器好坏并比较容量。

1. 考核要求

1）用万用表正确测量被测电容器的容量值，每个考生至少测量 3 个以上电容器。

2）考核注意事项：

① 被测电容器上有标称容量及耐压值等标志应涂黑。

② 不能损坏仪器、仪表，损坏仪器、仪表扣 10 分。

2. 配分、评分标准（见表 A-6）

表 A-6 配分、评分标准

序号	主要内容	考核要求	评分标准	配分	扣分	得分
1	测量准备	测量准备工作到位	万用表测量挡位选择不正确，扣 2 分	3		
2	测量过程	测量过程准确无误	测量过程中，操作步骤每错一次，扣 2 分	5		
3	测量结果	测量结果在误差范围之内	测量结果有较大误差或错误，扣 2 ~ 3 分	5		
4	维护保养	对使用的仪器、仪表进行简单的维护保养	维护保养有误，扣 1 ~ 2 分	2		
5	安全文明生产	1. 劳动保护用品穿戴整齐 2. 电工工具配备齐全 3. 遵守各项安全操作规程 4. 尊重考评员，讲文明礼貌 5. 考试结束要清理现场	1. 违反安全文明生产考核要求的任何一项，扣 2 分 2. 当考评员发现考生有重大人身事故隐患时，要立即予以制止，扣 2 ~ 10 分 3. 以上内容从本项目总分中扣除，扣完为止			
备注			合计	15		
			考评员签字： 年 月 日	总分：		

评分人： 年 月 日 核分人： 年 月 日

试题 7　用万用表判断二极管的好坏、极性及材料

姓名：＿＿＿＿＿＿准考证号：＿＿＿＿＿＿单位：＿＿＿＿＿＿工位号：＿＿＿＿＿＿

试题　基本技能及仪表使用

本题分值：15 分
考核时间：15min
考核内容：

用万用表判断二极管的好坏、极性及材料。

1. 考核要求

1）正确使用万用表、包括欧姆挡调零、正确选择挡位等，正确判断二极管好坏，极性及材料。

2）考核注意事项：

① 每人至少应测量两只二极管。

② 测量时，二极管应加以适当包装，仅露出接线端（引脚）即可。

③ 不能损坏仪器、仪表，损坏仪器、仪表扣 10 分。

2. 配分、评分标准（见表 A-7）

表 A-7　配分、评分标准

序号	主要内容	考核要求	评分标准	配分	扣分	得分
1	测量准备	测量准备工作到位	万用表测量挡位选择不正确，扣 2 分	3		
2	测量过程	测量过程准确无误	测量过程中，操作步骤每错一次，扣 2 分	5		
3	测量结果	测量结果在误差范围之内	测量结果有较大误差或错误，扣 2 ~ 3 分	5		
4	维护保养	对使用的仪器、仪表进行简单的维护保养	维护保养有误，扣 1 ~ 2 分	2		
5	安全文明生产	1. 劳动保护用品穿戴整齐 2. 电工工具配备齐全 3. 遵守各项安全操作规程 4. 尊重考评员，讲文明礼貌 5. 考试结束要清理现场	1. 违反安全文明生产考核要求的任何一项，扣 2 分 2. 当考评员发现考生有重大人身事故隐患时，要立即予以制止，扣 2 ~ 10 分 3. 以上内容从本项目总分中扣除，扣完为止			
备注			合计	15		
			考评员签字： 年　月　日	总分：		

评分人：　年　月　日　　　　　　核分人：　年　月　日

试题 8　用绝缘电阻表测量电动机的绝缘电阻

姓名：____________准考证号：____________单位：____________工位号：____________

试题　基本技能及仪表使用

本题分值：15 分
考核时间：15min
考核内容：

用绝缘电阻表测量电动机的绝缘电阻。

1. 考核要求

1）用绝缘电阻表正确测量电动机各绕组间的绝缘电阻以及各绕组对地绝缘电阻。

2）考核注意事项：

① 测量时考生要注意安全。

② 不能损坏仪器、仪表，损坏仪器、仪表扣 10 分。

2. 评分、配分标准（见表 A-8）

表 A-8　配分、评分标准

<table>
<tr><th>序号</th><th>主要内容</th><th>考 核 要 求</th><th>评 分 标 准</th><th>配 分</th><th>扣 分</th><th>得 分</th></tr>
<tr><td>1</td><td>测量准备</td><td>测量准备工作到位</td><td>测量仪器或仪表选择不正确，扣 2 分</td><td>2</td><td></td><td></td></tr>
<tr><td>2</td><td>测量过程</td><td>测量过程准确无误</td><td>测量过程中，操作步骤每错一次，扣 2 分</td><td>6</td><td></td><td></td></tr>
<tr><td>3</td><td>测量结果</td><td>测量结果在误差范围之内</td><td>测量结果有较大误差或错误，扣 2～3 分</td><td>5</td><td></td><td></td></tr>
<tr><td>4</td><td>维护保养</td><td>对使用的仪器、仪表进行简单的维护保养</td><td>维护保养有误，扣 1～2 分</td><td>2</td><td></td><td></td></tr>
<tr><td>5</td><td>安全文明生产</td><td>1. 劳动保护用品穿戴整齐
2. 电工工具配备齐全
3. 遵守各项安全操作规程
4. 尊重考评员，讲文明礼貌
5. 考试结束要清理现场</td><td>1. 违反安全文明生产考核要求的任何一项，扣 2 分
2. 当考评员发现考生有重大人身事故隐患时，要立即予以制止，扣 2～10 分
3. 以上内容从本项目总分中扣除，扣完为止</td><td></td><td></td><td></td></tr>
<tr><td rowspan="2">备注</td><td rowspan="2" colspan="2"></td><td>合计</td><td colspan="3">15</td></tr>
<tr><td>考评员签字：

年　月　日</td><td colspan="3">总分：</td></tr>
</table>

评分人：　年　月　日　　　　　　　　核分人：　年　月　日

试题 9　用钳形电流表测量运行线电流及起动电流

姓名：____________准考证号：____________单位：____________工位号：____________

试题　基本技能及仪表使用

本题分值：15 分
考核时间：20min
考核内容：

将三相异步电动机接成三角形或星形，用钳形电流表测量其运行线电流及起动电流。

1. 考核要求

1）根据考评员要求将三相异步电动机接成三角形或星形，接线正确无误。

2）正确使用仪表，包括测量方法、选择挡位及读数正确等。

3）考核注意事项：

① 安全文明操作。拆卸时要注意安全。

② 严重违反安全文明操作规程，本次考核不合格；不能损坏仪器、仪表，损坏仪器、仪表扣 10 分。

2. 配分、评分标准（见表 A-9）

表 A-9　配分、评分标准

序号	主要内容	考核要求	评分标准	配分	扣分	得分
1	电动机接线	三相异步电动机接线正确	三相异步电动机接线错误，扣 3 分	3		
2	测量准备	测量准备工作到位	钳形电流表挡位选择不正确，扣 1～2 分	3		
3	测量过程	测量过程准确无误	测量过程中，操作步骤每错一次，扣 2 分	5		
4	测量结果	测量结果在误差范围之内	测量结果有较大误差或错误，扣 2～3 分	3		
5	维护保养	对使用的仪器、仪表进行简单的维护保养	维护保养有误，扣 1 分	1		
6	安全文明生产	1. 劳动保护用品穿戴整齐 2. 电工工具配备齐全 3. 遵守各项安全操作规程 4. 尊重考评员，讲文明礼貌 5. 考试结束要清理现场	1. 反安全文明生产考核要求的任何一项，扣 2 分 2. 考评员发现考生有重大人身事故隐患时，要立即予以制止，扣 2～10 分 3. 以上内容从本项目总分中扣除，扣完为止			
备注			合计	15		
			考评员签字： 年　月　日	总分：		

评分人：　年　月　日　　　　　　　　核分人：　年　月　日

试题 10　多谐振荡电路

姓名：__________准考证号：__________单位：__________工位号：__________

试题　电子装接电路

本题分值：15 分

考核时间：90min

考核内容：

对图 A-4 所示多谐振荡电路进行安装和调试。

1. 考核要求

1）装接前，要先检查元器件的好坏，核对元器件数量和规格，如在调试中发现元器件损坏，则按损坏元器件扣分。

2）按图焊接，正确使用工具和仪表，装接质量可靠，装接技术符合工艺要求，正确使用工具和仪表。

3）调试后，通电试验。在规定时间内利用仪器、仪表调试后进行通电试验。

4）注意事项：安全文明操作。

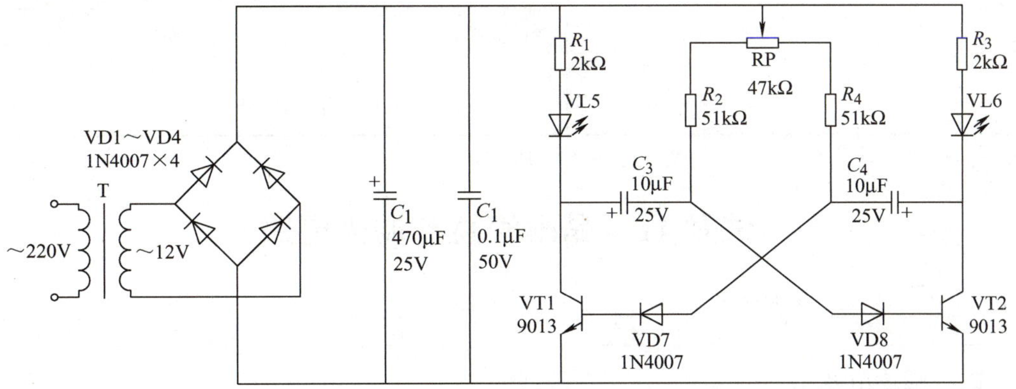

图 A-4　多谐振荡电路

2. 配分、评分标准（见表 A-10）

表 A-10　配分、评分标准

序号	主要内容	考 核 要 求	评 分 标 准	配　分	扣　分	得　分
1	按图焊接	正确使用工具和仪表，装接质量可靠，装接技术符合工艺要求	1. 元器件布置不合理，每只扣 1 分 2. 焊点粗糙、拉尖、有焊接残渣，每处扣 1 分 3. 元器件虚焊、气孔、漏焊、松动、损坏元器件，每处扣 1 分 4. 引线过长、焊剂不擦干净，扣 1 分 5. 元器件的标称值不直观，安装高度不符合要求，扣 1 分 6. 工具、仪表使用不正确，每次扣 1 分 7. 焊接时损坏元器件，每只扣 1 分	6		

（续）

序号	主要内容	考核要求	评分标准	配分	扣分	得分
2	通电试验	在规定时间内，利用仪器、仪表进行通电试验	1. 通电调试一次不成功，扣2分 2. 调试过程中损坏元器件，每只扣2分	9		
3	安全文明生产	1. 劳动保护用品穿戴整齐 2. 电工工具配备齐全 3. 遵守各项安全操作规程 4. 尊重考评员，讲文明礼貌 5. 考试结束要清理现场	1. 违反安全文明生产考核要求的任何一项，扣1分 2. 当考评员发现考生有重大人身事故隐患时，要立即予以制止，扣2～10分 3. 以上内容从本项目总分中扣除，扣完为止 4. 要求遵守考场纪律，不能出现重大事故。出现严重违反考场纪律的事项或发生重大事故，本次考核视为不合格			
备注			合计	15		
			考评员签字： 年　月　日	总分：		

评分人：　年　月　日　　　　　　核分人：　年　月　日

试题11　晶闸管直流调光电路

姓名：____________准考证号：____________单位：____________工位号：____________

试题　电子装接电路

本题分值：15分

考核时间：90min

考核内容：

对图A-5所示晶闸管组成的调光电路进行安装和调试。

1. 考核要求

1）装接前，要先检查元器件的好坏，核对元器件数量和规格，如在调试中发现元器件损坏，则按损坏元器件扣分。

2）按图焊接，正确使用工具和仪表，装接质量可靠，装接技术符合工艺要求，正确使用工具和仪表。

3）调试后，通电试验。在规定时间内利用仪器、仪表调试后进行通电试验。

4）注意事项：安全文明操作。

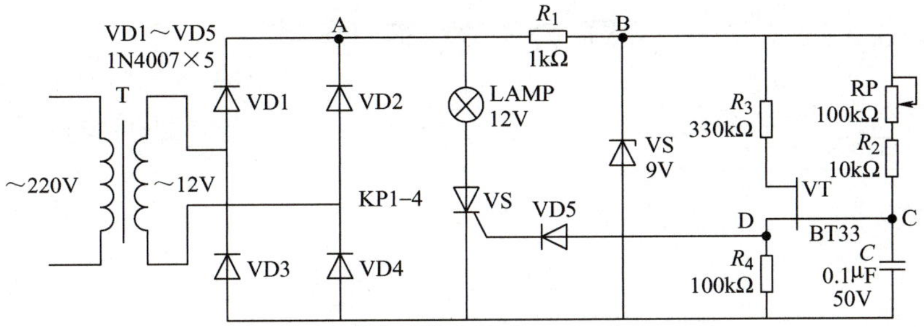

图 A-5　晶闸管直流调光电路

2. 配分、评分标准（表 A-11）

表 A-11　配分、评分标准

序号	主要内容	考核要求	评分标准	配分	扣分	得分
1	按图焊接	正确使用工具和仪表，装接质量可靠，装接技术符合工艺要求	1. 元器件布置不合理，每只扣0.2分 2. 焊点粗糙、拉尖、有焊接残渣，每处扣0.2分 3. 元器件虚焊、气孔、漏焊、松动、损坏元器件，每处扣0.2分 4. 引线过长、焊剂不擦干净，扣0.2分 5. 元器件的标称值不直观，安装高度不符合要求，扣0.2分 6. 工具、仪表使用不正确，每次扣0.5分 7. 焊接时损坏元器件，每只扣1分	6		
2	通电试验	在规定时间内，利用仪器、仪表进行通电试验	1. 通电调试一次不成功，扣2分 2. 调试过程中损坏元器件，每只扣1分	9		
3	安全文明生产	1. 劳动保护用品穿戴整齐 2. 电工工具配备齐全 3. 遵守各项安全操作规程 4. 尊重考评员，讲文明礼貌 5. 考试结束要清理现场	1. 违反安全文明生产考核要求的任何一项，扣1分 2. 当考评员发现考生有重大人身事故隐患时，要立即予以制止，扣2～10分 3. 以上内容从本项目总分中扣除，扣完为止 4. 要求遵守考场纪律，不能出现重大事故。出现严重违反考场纪律的事项或发生重大事故，本次考核视为不合格			
备注			合计	15		
			考评员签字： 年　月　日	总分：		

评分人：　年　月　日　　　　核分人：　年　月　日

试题 12　故 障 检 修

姓名：__________准考证号：__________单位：__________工位号：__________

试题　故障检修

本题分值：35 分
考核时间：30min
考核内容：

在电力拖动安装的电路板上进行故障检修。由考评员在考核现场设置隐蔽故障 3 处。

配分、评分标准见表 A-12。

表 A-12　配分、评分标准

序号	主要内容	考 核 要 求	评 分 标 准	配　分	扣　分	得　分
1	调查研究	对每个故障现象进行调查研究	排除故障前不进行调查研究，扣 1 分	1		
2	故障分析	在电气控制电路上分析故障可能的原因，思路正确	错标或标不出故障范围，每个故障点扣 2 ~ 3 分	4		
			不能标出最小的故障范围，每个故障点扣 1 ~ 2 分	3		
3	故障排除	正确使用工具和仪表，找出故障点并排除故障	实际排除故障中思路不清楚，每个故障点扣 2 分	6		
			每少查出一个故障点扣 2 分	6		
			每少排除一个故障点扣 3 分	6		
			排除故障方法不正确，每处扣 3 分	9		
4	其他	操作有误，要从此项总分中扣分	排除故障过程中产生新的故障后不能自行修复，每个扣 20 分，已经修复，每个扣 5 分			
5	安全文明生产	1. 劳动保护用品穿戴整齐 2. 电工工具配备齐全 3. 遵守各项安全操作规程 4. 尊重考评员，讲文明礼貌 5. 考试结束要清理现场	1. 违反安全文明生产考核要求的任何一项，扣 1 分 2. 当考评员发现考生有重大人身事故隐患时，要立即予以制止，扣 2 ~ 10 分 3. 以上内容从本项目总分中扣除，扣完为止 4. 要求遵守考场纪律，不能出现重大事故。出现严重违反考场纪律的事项或发生重大事故，本次考核视为不合格			

（续）

<table>
<tr><th>序号</th><th>主要内容</th><th>考核要求</th><th>评分标准</th><th>配　分</th><th>扣　分</th><th>得　分</th></tr>
<tr><td rowspan="2">备注</td><td colspan="2" rowspan="2">本项目故障点设置数量为3个
否定项：故障检修得分少于15分，本次技能考核视为不合格</td><td>合计</td><td colspan="3">35</td></tr>
<tr><td>考评员签字：

年　月　日</td><td colspan="3">总分：</td></tr>
</table>

评分人：　年　月　日　　　　核分人：　年　月　日

参 考 文 献

[1] 人力资源和社会保障部教材办公室. 维修电工（五级）[M]. 2版. 北京：中国劳动社会保障出版社，2014.
[2] 林炳南，张雷. 维修电工应用技术（上）[M]. 北京：高等教育出版社，2005.
[3] 沈柏民. 电气控制技术与技能训练 [M]. 北京：电子工业出版社，2013.
[4] 崔陵. 工厂电气控制设备 [M]. 北京：高等教育出版社，2014.
[5] 金邓勋. 工厂电气控制设备调控实训 [M]. 北京：科学出版社，2016.
[6] 王兆晶. 维修电工（初级）[M]. 2版. 北京：机械工业出版社，2018.